工业和信息化部"十四五"规划教材

高等职业院校"互联网+"立体化教材——软件开发系列

HTML+CSS3+jQuery 网页设计案例教程

刘培林　汪菊琴　主编

電子工業出版社·

Publishing House of Electronics Industry

北京·BEIJING

内 容 简 介

本书共 12 章，第 1～3 章介绍 HTML 知识，包括文档结构、元素结构和常用元素（如图像、超链接）等的用法，完成网页内容的设计。第 4～5 章介绍 CSS3 的基础知识，包括 CSS 选择器和元素的样式，重点介绍元素的框模型和背景样式，基于图像背景和背景位置实现图像精灵，完成网页样式的初步设计。第 6～8 章介绍 CSS3 相关的知识，包括定位、布局和动画的知识，基于定位和动画技术设计轮播广告和幽灵按钮，基于布局技术设计某监控系统网页布局，完成实用复杂网页和网页实用效果的设计。第 9～11 章介绍 jQuery 知识，从选择器出发，首先介绍元素遍历和样式操作的函数，然后介绍 jQuery 事件和元素操作函数，实现元素的增删改查操作，最后介绍 jQuery 效果与动画，实现轮播广告的全部功能及网站的功能。第 12 章为综合实训，仿照华为网站首页设计一个网站首页，将全书内容贯穿其中并进行升华。

图书在版编目（CIP）数据

HTML+CSS3+jQuery 网页设计案例教程 / 刘培林，汪菊琴主编. —北京：电子工业出版社，2021.12
ISBN 978-7-121-42434-2

Ⅰ. ①H… Ⅱ. ①刘… ②汪… Ⅲ. ①超文本标记语言—程序设计—高等学校—教材②网页制作工具—高等学校—教材③JAVA 语言—程序设计—高等学校—教材 Ⅳ.①TP312.8②TP393.092.2③TP312.8

中国版本图书馆 CIP 数据核字（2021）第 241823 号

责任编辑：魏建波
文字编辑：靳　平
印　　刷：三河市鑫金马印装有限公司
装　　订：三河市鑫金马印装有限公司
出版发行：电子工业出版社
　　　　　北京市海淀区万寿路 173 信箱　邮编：100036
开　　本：787×1092　1/16　印张：17.5　字数：448 千字
版　　次：2021 年 12 月第 1 版
印　　次：2021 年 12 月第 1 次印刷
定　　价：49.00 元

前　言

　　本书以培养前端工程师为目标，遵循项目导向理念，融合了编者多年的教学实践和改革经验，全面讲解了网站前端开发的知识。全书共 12 章，围绕 3～5 个知识点展开，具有以下特点。

　　（1）精心设计教材工作任务，全面训练网站前端设计和开发能力。全书围绕典型网站的典型页面设计展开，每章设计一个典型工作任务。任务具有相对的独立性，同时兼顾系统性，每个任务均是综合实训的一个技术或内容点，各子任务完成的同时综合实训设计和技术点也同步完成，综合实训自动融合和升华了书本的全部知识点。

　　（2）精心设计教材案例。案例设计尽量贴近网页设计的典型应用场景，兼顾了聚焦知识点和完成一个主题的需要，解决了网页设计知识点分散和学习的有趣性问题。

　　（3）知识点介绍重点突出，难度适中。根据网站前端编程需要对元素和样式的常用属性加以重点介绍，并用典型案例演示用法，实现了知识点、案例、工作任务三者之间的有机融合。

　　（4）各章内容充实，知识点组织、安排合理，章节之间衔接自然，难度具有一定的递进关系，符合学习认知规律。

　　（5）每章开头列出学习目标，结尾用思维导图整理知识点，教学目标明确，知识点总结详细，方便了教师的教学和学生的总结复习。

　　（6）每章配有习题与项目实战，便于教师检验学习效果和学生总结升华。

　　（7）本书配套资源丰富，建有在线开放课程，方便教师教学和学生预习、复习。课程网址为 https://mooc1.chaoxing.com/course/200843712.html。

　　本书可用于 32、48、64 课时的教学，详见表 1 的安排，不同课时的教学计划以及课件、程序等相关资源可以通过本书的链接下载。

表 1　课时安排建议

章节	32 课时	48 课时	64 课时
第 1 章　网站开发概述	4	4	4
第 2 章　HTML 基本元素	8	8	8
第 3 章　表单与表格元素	4	4	4
第 4 章　CSS 基础	6	6	6
第 5 章　元素的样式属性	8	8	8
第 6 章　CSS3 定位	0	6	6
第 7 章　CSS3 浮动与布局	0	6	6
第 8 章　CSS3 转换与动画	0	4	4
第 9 章　jQuery 基础	0	0	6
第 10 章　jQuery 事件与操作	0	0	6
第 11 章　jQuery 效果与动画	0	0	4
第 12 章　网站设计综合实训	0	0	0
机动	2	2	2
合计	32	48	64

　　本书由无锡职业技术学院刘培林、汪菊琴担任主编，无锡职业技术学院张文健、中国船舶重工集团公司第 702 研究所黄翀担任副主编。第 1～3 章由张文健编写，第 4、5、9、10章由刘培林编写，第 6～8、11 章由汪菊琴编写，第 12 章由黄翀编写。全书由刘培林统稿，无锡职业技术学院杨文珺主审。在编写过程中得到了编者所在单位领导和同事的帮助与大力支持，参考了一些优秀的网页设计书籍和网络资源，在此表示由衷的感谢。

　　由于编者水平所限，书中不足之处在所难免，欢迎广大读者批评指正。

编　者

2021 年 6 月

目 录

第1章　　　　　　　　　　　　　　　　　　　　　　网站开发概述

本章介绍网站设计的基本知识点，包括网页的结构、网页开发编辑器、元素及其属性的定义，以及简单 HTML 元素的用法。

[**本章学习目标**]

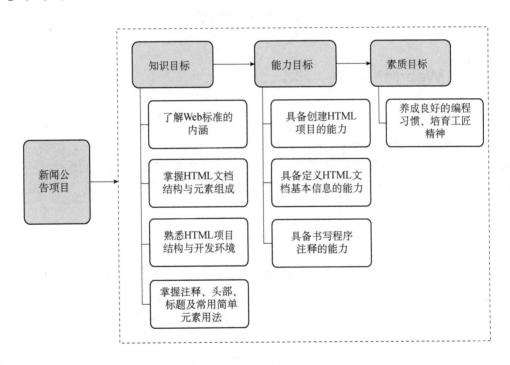

1.1　工作任务 1　新闻公告

综合使用 HTML 简单元素，设计一个显示效果如图 1-1 所示的华为焕新季公告信息。

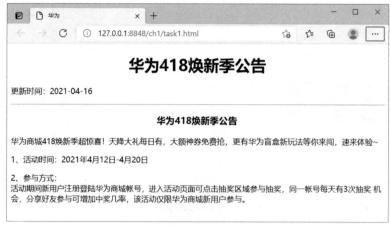

图 1-1　华为焕新季公告显示

1.2　Web 标准

1.2.1　Web 标准概述

Web 标准也即网站标准，是一个标准的集合。网站是一个网页的集合，一个网页一般包含结构（structure）、表现（presentation）和行为（behavior）三个组成部分，结构是网页展示的内容，表现是网页内容的呈现样式，行为是网页提供的功能，三者共同组成一个具有一定功能，以一定样式呈现的网页内容。对应这三个部分，有三类标准，共同组成 Web 标准。

1.　结构标准

结构标准对应结构化标准语言，主要包括可扩展标记语言（extensible markup language，简称 XML）和可扩展超文本标记语言（extensible hyperText markup language，简称 XHTML）。XML 源于标准通用标记语言，是为了弥补超文本标记语言（hyper text markup language，简称 HTML）的不足而设计的，以期用强大的扩展性来满足网络信息发布的需要，XHTML 就是用 XML 规则对 HTML 进行扩展而得来的，实现了 HTML 向 XML 的过渡。但是，针对数量庞大的已有网站，直接采用 XML 还为时过早，目前 XML 主要用于网络数据的转换和描述，结构化标准语言主要使用 HTML 和 HTML5。

2.　表现标准

表现标准对应层叠样式表（cascading style sheets，简称 CSS），是一种用来表现 HTML 或 XML 文件样式的计算机语言，用于对网页元素进行格式化，能够对网页中元素位置的排版进行像素级精确控制，支持几乎所有的字体字号样式，目前版本为 CSS3。

3. 行为标准

行为标准主要指文档对象模型（document object model，简称 DOM），DOM 是 W3C 组织推荐的处理可扩展标记语言的标准编程接口，是一种与平台和语言无关的应用程序接口（API）。使用 DOM 能够动态地访问程序和脚本，更新其内容、结构和文档的风格，是一种基于树的 API 文档。

1.2.2　Web 标准的作用

Web 标准将网站建设从结构、表现和行为进行了分层，为网站重构、升级与维护带来了极大的方便。结构化的开发模式使得代码重用和网站维护更为容易，降低了网站开发和维护的成本，开发完毕的网站对用户和搜索引擎更加友好，文件下载与页面显示速度更快，内容能被更广泛的设备访问，数据符合标准，更容易被访问。

1.3　HTML 概述

HTML 是万维网的核心语言，是一种用于描述网页的标记语言，非编程语言，使用标签描述网页。最新版本是 HTML5，草案于 2008 年公布，正式规范于 2012 年由万维网联盟（W3C）宣布，根据 W3C 发言稿，HTML5 是开放 Web 网络平台的奠基石。

1.3.1　HTML 元素

1. 标签

标签是 HTML 语言中最基本的单位，是由尖括号（<>）包围起来的具有特殊含义的关键词，如<html>表示 HTML 文件。

标签通常成对出现，分为标签开头和标签结尾。由尖括号括起来的关键词是标签开头，如<html>，标签开头加单斜杠"/"组成标签结尾，如标签开头<html>的标签结尾是</html>。

2. 标签对

HTML 标签对由标签开头、标签内容和标签结尾组成。标签内容可以是文本或标签对，如果是标签对，属于标签嵌套，嵌套层数不受限制，但是不能发生交错。图 1-2（a）所示为内容为文本的标签对，图 1-2（b）所示为内容为标签对的标签嵌套。

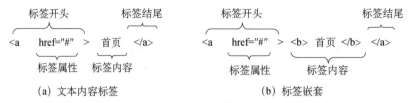

（a）文本内容标签　　　　　　　　　　（b）标签嵌套

图 1-2　标签对

3. 单标签

部分标签没有结束标签，称为单标签，规范的单标签标签开头必须用单斜杠"/"结束，但 HTML 并不严格检查单标签是否有"/"，往往缺少后也不会影响网页效果，常用的单标签有<img><meta><link>等。下面的代码定义了<img>单标签。

```
<img src="img1.jpg" />
```

4. HTML 元素及其作用

标签对和单标签统称为 HTML 元素，HTML 元素是一种语义化元素，根据元素的标签名就能判断出元素的内容和作用，有助于网页内容的阅读，具有以下作用：

- 元素的标签嵌套规范，能够清晰网页的层次结构。
- 元素的标签能够使网页内容更容易被搜索引擎收录。
- 元素的标签能够使屏幕阅读器更容易读出网页内容。

 标签不区分大小写，如<body>和<BODY>都表示网页体，HTML 中一般推荐使用小写标签。

5. 元素属性

元素属性（如果有属性）放在标签开头里，规定了 HTML 元素更多的信息，总是以"名称/值"对的形式出现，如属性 src="img1.jpg"规定了<img>元素的图像路径。

属性必须在 HTML 元素的标签开头中规定，多个属性之间用空格进行分割。属性值应该始终被包括在引号内，建议使用双引号，也可以使用单引号。在某些特殊的情况下，如属性值本身含有双引号的情况，就必须使用单引号，例如：

```
<!-- 只能使用单引号 -->
<meta name='Bill "HelloWorld" Gates'/>
```

 与 HTML 标签一样，属性和属性值也不区分大小写，但是，万维网联盟在其 HTML 4 推荐标准中推荐小写的属性/属性值。

1.3.2　HTML 文档结构

HTML 文档遵循标记语言文档基本规范，是一种树形结构文档，由文档类型说明和

<html>标签对组成，规范的 HTML 文档结构如图 1-3
所示。

其中，<!DOCTYPE html>是文档类型说明，表
明文档的类型是 HTML5。

网页描述位于<html>标签对中，由网页头和网
页体两部分组成，网页头信息位于<head>标签对
中，用于说明网页的基本信息，如标题、字符格
式、语言、兼容性、关键字、描述等，对外部样式
文件的引用一般也放在网页头中。网页体位于
<body>标签对中，描述网页的可见内容。

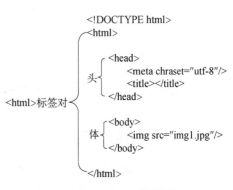

图 1-3　HTML 文档结构

HTML 文档对结构要求并不严谨，就展现而言，网页内容放在<body>标签对之
外（甚至<html>标签对之外）往往也能正确显示。但是，这会带来网页编程时
DOM 节点查找的问题，因此要求养成良好的编程习惯，严格遵循 HTML 文档结
构规范。

1.4　创建与调试 HTML 项目

1.4.1　编辑器概述

HTML 文档运行在浏览器中，常用文本编辑器都可以用于开发 HTML 文档，但是，使
用专用编辑器开发效率更高，主流编辑器包括 HBuilder、VSCode 和 Dreamweaver 等，本书
使用 HBuilder 的下一代版本 HBuilderX。相较于 HBuilder，HBuilderX 的功能更为强大，使
用更为方便，具有如下优点：

● 轻巧极速。HBuilderX 编辑器是一个绿色压缩包，占用空间很小，较 HBuilder 的启动
和编辑速度更快。

● 支持 markdown 编辑器和小程序开发，强化了 Vue 开发，开发体验更好。

● 具有强大的语法提示，拥有自主 IDE 语法分析引擎，对前端语言提供了准确的代码
提示和转到定义（Alt+鼠标左键）操作。

● 开发界面清爽护眼，绿柔主题界面具有适合人眼长期观看的特点。

1.4.2　安装 HBuilderX 编辑器

HBuilderX 编辑器不需要安装，下载 HBuilderX 压缩包以后直接解压缩，在解压缩后的
文件夹中找到可执行文件"HBuilderX.exe"，双击即可打开使用 HBuilderX 编辑器。

HBuilderX 编辑器第一次使用后关闭时会提示创建桌面快捷方式，建议创建，以方便下一次查找使用。

1.4.3　创建与调试应用程序

1.　创建 HTML 项目

在文件（File）菜单下单击"新建—>项目"按钮，打开新建项目窗口，如图 1-4 所示，选择项目的模板"基本 HTML 项目"，单击"浏览"按钮浏览选择项目的存放路径，输入项目名称"ch1"，单击"创建（N）"按钮完成项目创建。

扫一扫 1-1，
Web 项目创建
步骤

图 1-4　创建基本 HTML 项目

2.　编辑调试 HTML 项目

项目创建完毕自动生成 HTML 项目结构和首页，如图 1-5 所示。左侧为项目结构窗口，中间为编辑窗口，第一次单击工具栏最右侧的"预览"图标会提示安装内置浏览器插件，选择自动安装，安装完毕自动打开 Web 浏览器窗口，浏览器默认为"PC 模式"，也可以选择手机模式，单击"PC 模式"右侧的下拉按钮选择手机的型号完成手机模式选择。

扫一扫 1-2，
HBuilderX 开发
环境介绍

HTML 项目自动创建了三个文件夹和一个 HTML 文件，文件夹用于存放对应类型的文件，其中 img 文件夹用于存放项目使用的图像，css 文件夹用于存放项目使用的样式文件，js 文件夹用于存放项目使用的脚本文件。index.html 是静态网页文件，选中后在中间编辑窗口显示其内容，并可以对其进行编辑，编辑以后必须手动保存才能在右侧的 Web 浏览器中预览编辑的效果。

图 1-5 HTML 项目工作窗口

3. 创建其他文件

HBuilderX 编辑器创建文件非常方便，在文件（File）菜单中单击"新建"按钮，选择文件类型和保存位置即可创建，也可以在项目指定位置右击再选择文件类型创建，更为简便。

1.5 简单 HTML 元素

1.5.1 HTML 注释

HTML 使用注释标签"<!-- -->"在文档中插入注释，用于改善文档的可阅读性。以下代码定义可以一条注释。

```
<!-- 注释的内容 -->
```

1.5.2 HTML 头部元素

1. \<title>元素

\<title>元素位于 HTML 文档的头部（\<head>）元素内，用于定义 HTML 文档的标题，以元素内容的形式进行定义，定义的标题通常显示在浏览器窗口的标题栏或状态栏上。以下代码用于定义 HTML 文档的标题为"首页"。

```
<title>首页</title>
```

2. \<meta>元素

\<meta>元素用于定义 HTML 文档的元信息，如针对搜索引擎和更新频度的描述和网页关键词等。该元素不包含任何内容，用属性定义文档元信息的相关"名称/值"对，是单标签，永远位于 HTML 文档的头部（<head>）元素内部。其常用属性如表 1-1 所示。

表 1-1　<meta>元素属性

属性名	属性说明
content	定义与 http-equiv 或 name 属性相关的文档元数据信息
http-equiv	把 content 属性关联到 HTTP 头部，为文档元信息提供属性名称，取值及含义如下。 • content-type：定义文档的类型 • expires：定义文档的有效时间 • refresh：定义文档的刷新时间 • set-cookie：定义文档的 cookie
name	把 content 属性关联到一个名称，为文档元信息提供属性名称，常用取值及含义如下。 • author：定义文档的作者 • description：定义文档的描述信息 • keywords：定义文档的搜索关键词 • generator：定义文档的公司信息 • revised：定义文档的版本 • others：定义文档的其他信息
scheme	定义翻译 content 属性值的字符串格式，取值为有效字符串

【例 1-1】文档元信息定义。

```html
<!-- 定义文档的编码方式为utf-8 -->
<meta http-equiv="charset" content="utf-8"/>
<!-- 定义文档的有效时间为2021-12-31 -->
<meta http-equiv="expires" content="31 Dec 2021"/>
<!-- 定义文档的搜索引擎关键词为HTML,ASP,PHP,SQL -->
<meta name="keywords" content="HTML,ASP,PHP,SQL"/>
<!-- 定义文档的类型为text/html，是 HTML 文档的默认类型 -->
<meta http-equiv="Content-Type" content="text/html" />
<!-- 定义文档 5ms 后刷新，刷新后打开新网页 http://www.w3school.com.cn -->
<meta http-equiv="Refresh" content="5;url=http://www.w3school.com.cn" />
```

文档编码元信息定义往往也简写为 charset="utf-8"，使用默认模板生成的 HTML 文件会自动生成文档编码元信息，代码如下：

```html
<meta charset="utf-8">
```

1.5.3　HTML 标题元素

HTML 文档使用<h1>~<h6>元素定义标题，<h1>定义用于最大标题，<h6>定义用于最小标题，浏览器会自动在标题的前后添加空行和进行文字换行。

【例 1-2】标题元素使用举例。

```html
<h1>标题 1</h1>
<h2>标题 2</h2>
<h3>标题 3</h3>
```

```
<h4>标题 4</h4>
<h5>标题 5</h5>
<h6>标题 6</h6>
```

1.5.4 其他常用 HTML 元素

1. 水平线

HTML 使用<hr>元素绘制一条水平线，元素主要属性如表 1-2 所示。

表 1-2 <hr>元素属性

属性名	属性说明
size	规定<hr>元素的高度，也即水平线的宽度，有默认值，为像素值（pixels）
width	规定<hr>元素的宽度，也即水平线的长度，可以是像素值，也可以是百分比（pixels，%）
color	规定水平线的颜色，取值为颜色名或十六进制颜色值

2. 换行元素

网页会忽略文本的换行，根据页面宽度显示尽可能多的文本，使用
元素能够实现文本的换行，使内容另起一行显示，该元素是一个单标签元素。

3. 段落元素

HTML 使用<p>元素定义段落，段落的内容放在<p>元素的标签开头和标签结尾之间，段落元素能够使内容自动换行，浏览器会自动在段落的前后添加空行。

段落是块元素，具有对齐属性，如表 1-3 所示。

表 1-3 <p>元素属性

属性名	属性说明
align	规定元素中内容的对齐方式，取值及含义如下。 ● left：左对齐 ● right：右对齐 ● center：居中对齐 ● justify：调整右边距

以上对齐属性也适用于其他块元素，如水平线元素<hr>，即将讲到的分区元素<div>等。

【例 1-4】使用 HTML 元素显示两个新闻标题，显示效果如图 1-6 所示，水平线使用默认样式。

```
<html>
    <head>
        <meta charset="utf-8">
        <title>标题与换行</title>
```

图 1-6 新闻标题显示

```
    </head>
    <body>
        <h2>中国联通和华为召开 5G-Advanced……共推 5G 产业演进</h2>
        2021 年 5 月 15 日<br><br>
        <hr>
        <h2>华为甘斌：持续创新，智领 5G 未来</h2>
        2021 年 5 月 15 日
    </body>
</html>
```

【例 1-5】使用 HTML 元素显示一段新闻，显示效果如图 1-7 所示。

图 1-7   新闻显示

```
<!DOCTYPE html>
<html>
    <head>
        <meta charset="utf-8">
        <title>标题与段落</title>
    </head>
    <body>
        <h1 align="center">华为甘斌：持续创新，智领 5G 未来</h1>
        <p align="center">2021 年 05 月 15 日</p>
        <hr>
        <p align="justify">
            [中国，上海，2021 年 5 月 15 日] 今日，中国……
        </p>
    </body>
</html>
```

4. 分区元素

HTML 使用<div>元素定义文档的分区或节，使文档分割为独立的不同部分，方便文档的按区或节操作。

分区元素是块元素，与段落元素一样，具有块元素的对齐属性，参见表 1-3 段落元素的对齐属性。

5. 无语义元素

<span>元素并没有特别的含义，因此也被称为无语义元素，是用来组合文档的行内元素，以便组合后设置文档的样式。

1.6　任务实施

1. 技术分析

本任务要求熟悉网页开发环境和文档结构，熟练使用 HTML 基本元素搭建网页和熟练掌握基本元素的用法。涉及主要元素及其属性设置如下：

- 标题分别使用标题元素<h1>和<h3>。
- 水平线使用<hr>元素，水平线宽度用 size 属性进行设置，宽度为 1px。
- 正文用段落元素<p>进行分段。

2. 实施

创建 HTML 文档，编写代码如下：

```
<html>
    <head>
        <meta charset="utf-8">
        <title>华为</title>
    </head>
    <body>
        <!-- 正文标题 -->
        <h1 align="center">华为 418 焕新季公告</h1>
        <p align="left">更新时间：2021-04-16</p>
        <hr size="1" />
        <h3 align=" center">华为 418 焕新季公告</h3>
        <p>华为商城 418 焕新季超惊喜！……</p>
        <p>1、活动时间：2021 年 4 月 12 日-4 月 20 日</p>
        <p>2、参与方式：<br/>
            活动期间新用户注册登录华为商城账号……</p>
    </body>
</html>
```

［本章小结］

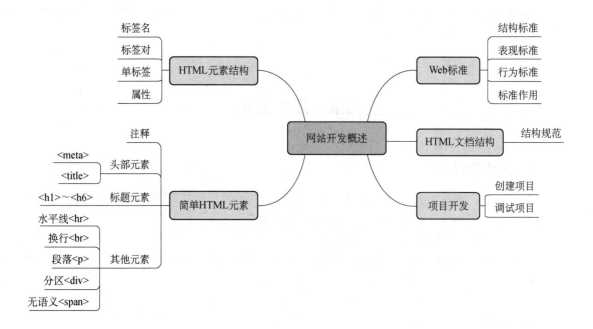

1.7　习题与项目实战

1．以下哪个元素不是块元素，不能独占一行？（　　）

A．<h3>　　　　　　B．<div>　　　　　　C．<p>　　　　　　D．

2．以下哪种是 HTML 文档注释的写法？（　　）

A．<!--　　-->　　B．/**/　　　　　　C．//　　　　　　D．""

3．以下哪个不属于 HTML 文档的基本组成部分？（　　）

A．<STYLE></STYLE>　　　　　　B．<BODY></BODY>

C．<HTML></HTML>　　　　　　D．<HEAD></HEAD>

4．以下哪段代码可以设置红色、宽度为 1px 的水平线？（　　）

A．<hr width="1" color="#F00"/>　　　B．<hr size="1" color="#F00"/>

C．<hr width="1" color="#00F"/>　　　D．<hr size="1" color="#00F"/>

5．以下哪个描述是正确的？（　　）

A．HTML 是结构标准　　　　　　B．HTML 是表现标准

C．HTML 是行为标准　　　　　　D．结构标准里不能出现样式定义

6．以下哪个描述是错误的？（　　）

A．<title>元素描述文档的标题

B．<meta>元素不能定义搜索引擎的信息

C．<meta http-equiv="charset" content="utf-8"/>定义文档的编码方式为 utf-8

D．<meta charset="utf-8">定义文档的编码方式为 utf-8

7．HTML 的精确含义是什么？（　　　）

A．超文本标记语言（Hyper Text Markup Language）

B．家庭工具标记语言（Home Tool Markup Language）

C．超链接和文本标记语言（Hyperlinks and Text Markup Language）

D．网页设计文本语言

8．以下哪个是 Web 标准的制定者？（　　　）

A．微软（Microsoft）　　　　　　　　　B．万维网联盟（W3C）

C．网景公司（Netscape）　　　　　　　D．谷歌公司（Google）

9．在 HTML 中，以下哪个是最大的标题？（　　　）

A．<h6>　　　　　B．<head>　　　　　C．<heading>　　　　　D．<h1>

10．以下哪个元素能够实现文本换行的功能？（　　　）

A．
　　　　　B．<continue>　　　　C．<break>　　　　D．<return>

11．以下哪个不是 HTML 文档的主流编辑器？（　　　）

A．HBuilder　　　B．VSCode　　　　C．Dreamweaver　　D．NotePad

12．以下哪个元素书写有错误？（　　　）

A．<p/>　　　　　B．
　　　　　C．<hr/>　　　　　D．<img/>

13．参考图 1-8，设计华为网站的信息显示模块，黑色粗体字部分用标题<h1>和<h3>分别实现，水平线宽度为 1px。

14．参考图 1-9，设计华为网站的信息显示模块，黑色粗体字用<h2>标题实现，内容之间插入换行元素实现换行。

最新活动

【有奖征文】Java26周年特别征稿！奔跑吧Java

【MindSpore】开源有你更精彩，资料翻译一起来！

华为云云原生王者之路集训营，开班啦，快来报名！

【Java编程创造营】零基础入门，夯实Java基础！免费学习...

什么？听说你想免费试用GaussDB（DWS）？安排！！！

华为云服务

销售热线：

工作时间周一至周五9：00-18：00

4000-955-988 按1转1

950808 按1转1

图 1-8　服务信息显示 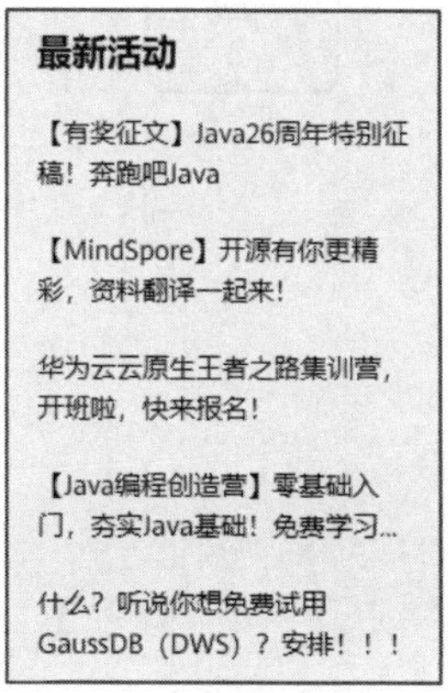　　　　　　　　　　图 1-9　最新活动列表

第 2 章　HTML 基本元素

本章介绍网页开发常用元素的用法，主要包括图像、超链接、列表和框架元素的定义及其用法。

[本章学习目标]

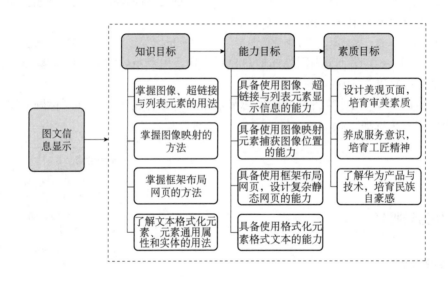

2.1　工作任务 2　图文信息显示

使用 HTML 基本元素完成图 2-1～图 2-3 所示的三个网页。

（1）运行网址打开首页，图文显示如图 2-1 所示的首页路由器介绍。

（2）在"了解更多"上单击打开如图 2-2 所示的路由器功能特征页面。

（3）通过导航菜单实现在"功能特征"和"参数规格"（见图 2-3）两个介绍页面之间切换。

扫一扫 2-1，
工作任务 2
运行效果

图 2-1　首页路由器介绍

图 2-2　路由器功能特征页面

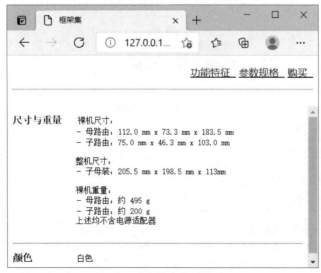

图 2-3　路由器参数规格页面

2.2   图像元素

<img>元素用于定义 HTML 中的图像，是 HTML 单标签空元素，也即其只包含属性，不包含元素内容，没有标签结尾。使用<img>元素能够显示各种格式和大小的图像，图像与文字能够按各种方式对齐。常用属性如表 2-1 所示。

表 2-1   <img>元素的属性

属性名	属性说明
alt	设置图像的替换文本，当浏览器无法载入图像时，显示替换文本属性的信息，有助于更好地显示信息，增加网页的友好性和易读性
src	设置待显示图像的 URL 地址，可以是项目中的图像，也可以是网络图像，项目中的图像用相对地址，网络图像用网址，该属性必须设置
height	设置图像的高度，取值为 pixels 或%
width	设置图像的宽度，取值为 pixels 或%
align	设置图像的对齐方式，取值及含义如下。 • top：顶部对齐 • bottom：底部对齐，默认对齐方式 • middle：居中对齐 • left：左对齐 • right：右对齐
usemap	将图像定义为客户器端图像映射，使用该属性与<map>元素的 name 或 id 属性相关联，以建立<img>与<map>之间的关系，取值为 "#" +<map>元素的 name 或 id 属性，如 "#img_id"

【例 2-1】使用<img>元素显示如图 2-4 所示的 3 张大小不同和 1 张来源不同的图像。

图 2-4   显示图像

```
<html>
   <head>
      <meta charset="utf-8">
      <title>图像显示</title>
   </head>
   <body>
      <img src="img/huawei_pic.png" width="40px" height="30px"/>
      <img src="img/huawei_pic.png"/>
      <img src="img/huawei_pic.png" width="160px" height="120px"/>
      <img src="http://www.w3school.com.cn/i/w3school_logo_white.gif" />
   </body>
</html>
```

【例 2-2】 设置<img>元素的对齐属性，实现文字与图像的
不同对齐方式，显示效果如图 2-5 所示。

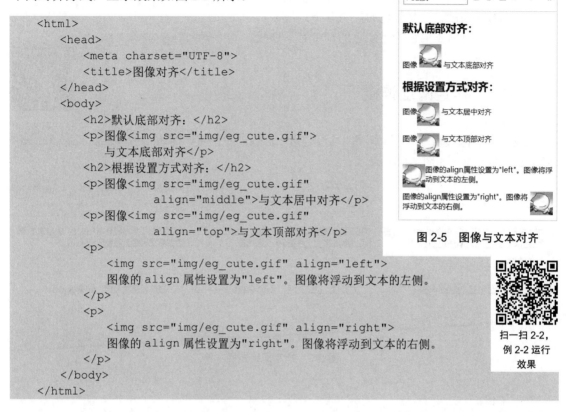

图 2-5　图像与文本对齐

```
<html>
    <head>
        <meta charset="UTF-8">
        <title>图像对齐</title>
    </head>
    <body>
        <h2>默认底部对齐：</h2>
        <p>图像<img src="img/eg_cute.gif">
            与文本底部对齐</p>
        <h2>根据设置方式对齐：</h2>
        <p>图像<img src="img/eg_cute.gif"
                align="middle">与文本居中对齐</p>
        <p>图像<img src="img/eg_cute.gif"
                align="top">与文本顶部对齐</p>
        <p>
            <img src="img/eg_cute.gif" align="left">
            图像的align属性设置为"left"。图像将浮动到文本的左侧。
        </p>
        <p>
            <img src="img/eg_cute.gif" align="right">
            图像的align属性设置为"right"。图像将浮动到文本的右侧。
        </p>
    </body>
</html>
```

扫一扫 2-2，
例 2-2 运行
效果

2.3　超链接元素

<a>元素定义超链接，用于从一个页面链接到另一个页面，其最重要的属性是 href 属
性，用于指示链接的目标。<a>元素的常用属性如表 2-2 所示。

表 2-2　<a>元素的常见属性

属性名	属性说明
href	规定链接指向页面的 URL
download	规定使用超链接元素实现下载功能时，目标下载后的文件名
target	规定在何处打开链接文档，取值及含义如下。 ● _blank：在一个新打开、未命名的窗口中载入目标文档 ● _self：在相同的框架或者窗口中载入目标文档 ● _parent：在父窗口或者包含来有超链接引用的框架的框架集中载入目标文档。如果这个引用是在窗口或者在顶级框架中的，与_self 值等效 ● _top：清除所有被包含的框架，将目标文档载入整个浏览器的窗口 ● framename：在框架中载入目标文档

超链接元素具有默认链接外观，定义如下：

- 未被访问的链接是蓝色的，带有下划线。
- 已被访问的链接是紫色的，带有下划线。
- 处于活动状态的链接是红色的，带有下划线。

2.3.1　指定网址链接

扫一扫 2-3，
例 2-3 运行效果

【例 2-3】修改例 1-4，将标题 1 链接到网址指定的位置，标题 2 链接到
例 1-5 中的页面，如图 2-6 所示。

（a）链接前　　　　　　　　（b）链接激活　　　　　　　　（c）链接后

图 2-6　指定网址链接

```
<html>
    <head>
        <meta charset="utf-8">
        <title>基本超链接</title>
    </head>
<body>
    <body>
        <a href="https://www.huawei.com/cn/">
            <h2>中国联通和华为……共推 5G 产业演进</h2>
        </a>
        2021 年 5 月 15 日<br><br>
        <hr>
        <a href="exam1-5.html" target="_self">
            <h2>华为甘斌：持续创新，智领 5G 未来</h2>
        </a>
        2021 年 5 月 15 日
    </body>
</body>
</html>
```

2.3.2　文档中指定位置链接

【例 2-4】修改例 2-2，在文档开头增加文档标题，在文档底部增加定位到文档开头的链接（见图 2-7）。

扫一扫 2-4，
例 2-4 运行效果

（a）初始页面和单击"回到主题"链接后　　　　（b）页面滚动到底部

图 2-7　文档中指定位置链接

```html
<html>
    <head>
        <meta charset="UTF-8">
        <title>定位到页面顶部</title>
    </head>
    <body>
        <h1 id="main" align="center">图像标记主题</h1>
        <!--***例 2-2 代码***-->
        ......
        <a href="#main">回到主题</a><br>
    </body>
</html>
```

2.3.3　图像链接

【例 2-5】为例 2-1 中的华为图像增加链接，在图像上单击打开华为首页。

```html
<a href="https://www.huawei.com/cn/">
    <img src="img/huawei_pic.png" />
</a>
```

2.3.4　电子邮件链接

【例 2-6】编写代码实现单击打开发送邮件的功能。

```html
<a href="mailto:webmaster@example.com">发送邮件</a>
```

2.3.5　文档下载

【例 2-7】编写代码实现单击下载文档、图像、压缩包的功能。

```html
<a href="src/VSCode.docx" download="VSCode 安装步骤">
        下载 VSCode</a><br>
<a href="img/eg_cute.gif" download="图像">下载图像</a><br>\
<a href="src/HbuilderX.rar">下载 HbuilderX</a><br>
```

2.4　图像映射

2.4.1　<map>元素

使用<map>元素创建带有可单击区域的图像映射（带有可单击区域的图像）。

元素主要属性为 id 属性，为<map>元素定义唯一的名称；可选属性为 name 属性，为<map>元素定义名称。在不同的浏览器中，<img>元素中的 usemap 属性可能引用<map>元素中的 id 或 name 属性，因此，保险起见，应同时向<map>元素添加 id 和 name 属性。

2.4.2　<area>元素

<area>元素用于定义图像映射中的区域，它总嵌套在<map>元素中，常用属性如表 2-3 所示。

表 2-3　< area >元素的属性

属性名	属性说明
coords	定义可单击区域（对光标敏感区域）的坐标
href	定义可单击区域的目标 URL
shape	定义可单击区域的形状，不设置默认为矩形区域，取值及含义如下： ● rect：矩形区域，用左上角和右下角坐标定义 ● circ：圆形区域，用圆心和半径定义 ● poly：多边形区域，用坐标点定义，首尾自动连接
nohref	从图像映射中排除某个区域
target	同<a>元素，规定在何处打开 href 属性指定的目标 URL，取值及含义如下。 ● _blank：在一个新打开、未命名的窗口中载入目标文档 ● _self：在相同的框架或者窗口中载入目标文档 ● _parent：在父窗口或者包含来自超链接引用的框架的框架集中载入目标文档。如果这个引用是在窗口或者在顶级框架中的，与_self 值等效 ● _top：清除所有被包含的框架，将目标文档载入整个浏览器的窗口 ● framename：在框架中载入目标文档

2.4.3　生成图像映射

图像映射能够捕获一张图像的不同位置，从而实现在图像的不同位置单击执行不同的操作，如加载和显示不同的文档等。联合使用<img>、<map>和<area>元素可以生成客户端图像映射，步骤如下：

（1）在<map>元素中嵌套<area>元素，通过<area>元素的 shape 属性定义超链接的敏感区域，通过<area>元素的 href 属性定义对应敏感区域的连接目标。

（2）设置<map>元素的 id 和 name 属性。

（3）设置<img>元素的 usemap 属性为<map>元素的 id 或 name 属性。

扫一扫 2-6，
例 2-8 运行效果

【例 2-8】使用图像映射实现在华为不同产品图像上单击打开对应的产品说明，程序运行效果如图 2-8 所示。

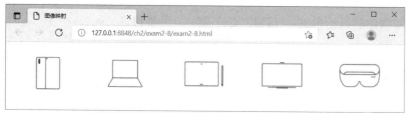

（a）初始页面　　　　　　　　　　　　　（b）单击平板图像区域后

图 2-8　图像映射

创建 exam2-8.html 文件，编写代码如下：

```html
<html>
    <head>
        <meta charset="UTF-8">
        <title>图像映射</title>
    </head>
    <body>
        <img src="img/imgmap.png" border="0" usemap="#productmap" />
        <!-- 映射区域定义 -->
        <map name="productmap" id="productmap">
            <area coords="55,23,109,93" href="1.html" />
            <area shape="poly"
                  coords="225,30,281,30,281,67,293,86,215,86,225,67"
                  href="2.html" />
            <area shape="rect" coords="385,32,458,82" href="3.html" />
            <area shape="rect" coords="553,33,641,83" href="4.html" />
            <area shape="rect" coords="722,35,810,82" href="5.html" />
        </map>
    </body>
</html>
```

以 3.html 文件为例，编写链接页面代码如下：

```html
<html>
    <head>
```

```
        <meta charset="utf-8">
        <title>平板</title>
    </head>
    <body>
        平板
    </body>
</html>
```

其余 HTML 文件参考 3.html 文件创建。

2.5　列表元素

列表是一种常用的网页内容显示形式，HTML 支持有序、无序和定义列表。

2.5.1　无序列表

无序列表是关于项目的列表，项目的每一项使用粗体圆点（典型的小黑圆圈）进行标记，具有自动对齐功能。无序列表用<ul>元素表示，每个列表项用<li>元素表示。

【例 2-9】用无序列表显示华为质量方针，显示效果如图 2-9 所示。

```
<html>
    <head>
        <meta charset="utf-8">
        <title>华为质量方针</title>
    </head>
    <body>
        <h1>质量方针</h1>
        <hr width="50px" color="red"
            align="left">
        <ul>
            <li>时刻铭记质量是华为生存的基
                石......</li>
            <li>我们把客户要求与期望准确传递到华为整个价值链......</li>
            <li>我们尊重规则流程，一次把事情做对......</li>
            <li>我们与客户一起平衡机会与风险，快速响应客户需求......</li>
            <li>华为承诺向客户提供高质量的产品......</li>
        </ul>
    </body>
</html>
```

图 2-9　华为质量方针无序列表显示

2.5.2　有序列表

同无序列表一样，有序列表也是关于项目的列表，项目的每一项使用数字进行标记，也具有自动对齐功能。有序列表用<ol>元素表示，每个列表项用<li>元素表示。列表项内部同样可以使用段落、换行符、图像、链接，还可以嵌套其他列表。

【例 2-10】用有序列表显示快速使用华为云服务的步骤，显示效果如图 2-10 所示。

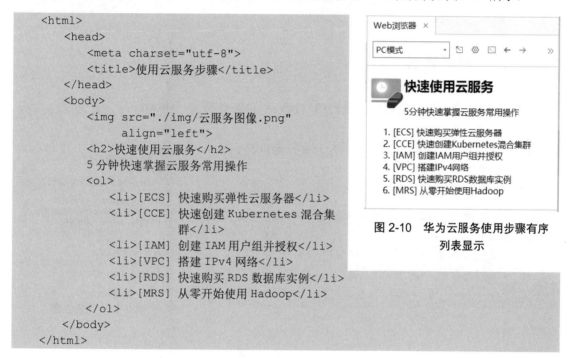

```html
<html>
    <head>
        <meta charset="utf-8">
        <title>使用云服务步骤</title>
    </head>
    <body>
        <img src="./img/云服务图像.png"
              align="left">
        <h2>快速使用云服务</h2>
        5 分钟快速掌握云服务常用操作
        <ol>
            <li>[ECS] 快速购买弹性云服务器</li>
            <li>[CCE] 快速创建 Kubernetes 混合集
                     群</li>
            <li>[IAM] 创建 IAM 用户组并授权</li>
            <li>[VPC] 搭建 IPv4 网络</li>
            <li>[RDS] 快速购买 RDS 数据库实例</li>
            <li>[MRS] 从零开始使用 Hadoop</li>
        </ol>
    </body>
</html>
```

图 2-10　华为云服务使用步骤有序列表显示

2.5.3　定义列表

自定义列表可以是一列项目，也可以包含项目的注释。自定义列表以<dl>元素表示，每个列表项以<dt>元素表示，项的定义以<dd>元素表示。列表项内部同样可以使用段落、换行符、图像、链接，还可以嵌套其他列表。

【例 2-11】用定义列表显示华为云费用管理信息，显示效果如图 2-11 所示。

图 2-11　华为云费用管理列表显示

```html
<html>
    <head>
        <meta charset="utf-8">
        <title>定义列表</title>
    </head>
    <body>
        <dl>
```

```
        <dt>订单管理</dt>
        <dd>待支付订单</dd>
        <dd>退订与换货</dd>
        <dt>优惠折扣</dt>
        <dd>优惠券</dd>
        <dd>商务折扣</dd>
    </dl>
</body>
</html>
```

2.5.4　列表嵌套

列表允许嵌套，但是需要注意嵌套的层次，不允许交叉嵌套。

【例 2-12】修改例 2-10，为列表第 3 项嵌套列表子项，显示效果如图 2-12 所示。

将列表第 3 项的代码修改如下：

```
<li>[IAM] 创建 IAM 用户组并授权
    <ul>
        <li>创建 IAM 用户组</li>
        <li>授权 IAM 用户组</li>
    </ul>
</li>
```

图 2-12　列表嵌套

2.6　HTML 框架

使用框架可以在同一个浏览器窗口中显示多个页面，每个 HTML 文档称为一个框架，每个框架都独立于其他的框架。框架的使用可以增加网页设计的模块化程度，但是也会带来必须同时跟踪更多 HTML 文档的不足。

2.6.1　框架集元素<frameset>

<frameset> 元素用于定义如何将窗口分割为框架，通过定义一系列行或列（rows/columns）的值规定每行或每列占据屏幕的面积，从而规定框架在网页中占的大小。因此，<frameset>元素也往往被称为框架集，用来组织多个窗口（框架），每个框架都是独立的文档。<frameset>元素常用属性如表 2-4 所示。

表 2-4　<frameset>元素常用属性

属性名	属性说明
cols	定义框架集中列的数目和尺寸，会自动进行一定的调整，取值及含义如下。 ● pixels：像素值 ● %：百分比 ● *：占用剩余空间
rows	定义框架集中行的数目和尺寸，会自动进行一定的调整，取值及含义如下。 ● pixels：像素值 ● %：百分比 *：占用剩余空间

 <frameset>元素不能与<body>元素一起使用，因此使用框架集的文档中不能出现<body>元素。

2.6.2　框架元素<frame>

<frame>元素定义放置在<frameset>元素中的一个特定的窗口（框架），每个框架可以设置不同的属性，如 border、scrolling、noresize 等。其常用属性如表 2-5 所示。

表 2-5　<frame>元素常用属性

属性名	属性说明
frameborder	规定是否显示框架周围的边框，取值说明如下。 ● 0：无边框 ● 1：有边框，默认值
marginheight	定义框架的上方和下方的边距，取值为像素值 pixels
marginwidth	定义框架的左侧和右侧的边距，取值为像素值 pixels
name	规定框架的名称
noresize	规定不允许调整框架的大小，取值为 noresize
scrolling	规定是否在框架中显示滚动条，取值说明如下。 ● yes：有滚动条 ● no：无滚动条 ● auto：根据内容需要
src	规定在框架中显示的文档的 URL

【例 2-13】用框架设计一个显示效果如图 2-13（a）所示的网页。

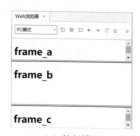
（a）按行排列

（b）按列排列

图 2-13　框架使用

第 1 步，编写框架集文件 exam2-12.html，代码如下：

```html
<html>
   <head>
      <meta charset="utf-8">
      <title>框架使用</title>
   </head>
   <frameset rows="25%,50%,25%">
      <frame src="frame_a.html" />
      <frame src="frame_b.html" />
      <frame src="frame_c.html" />
   </frameset>
</html>
```

第 2 步，编写框架文件 frame_a.html，代码如下：

```html
<html>
   <head>
      <meta charset="utf-8">
      <title>frame_a</title>
   </head>
   <body>
      <h1>frame_a</h1>
   </body>
</html>
```

第 3 步，参考框架文件 frame_a.html 编写框架文件 frame_b.html 和 frame_c.html。

将框架集文件 exam2-13.html 的 rows 属性修改为 cols 属性时，框架文件将按列排列，显示效果如图 2-13（b）所示。

2.6.3 <noframes>元素

<noframes>元素位于<frameset>元素内部，可以为不支持框架的浏览器显示文本。显示的内容必须放置在<body>元素中。

【例 2-14】修改例 2-13，为其增加<noframes>元素，增加框架的安全性。

修改框架集文件 exam2-13.html 代码如下，其余代码不变。

```html
<html>
   <head>
      <meta charset="utf-8">
      <title>框架使用</title>
   </head>
   <frameset rows="25%,50%,25%">
      <frame src="frame_a.html" />
      <frame src="frame_b.html" />
      <frame src="frame_c.html" />
      <noframes>
         <body>您的浏览器无法处理框架！</body>
```

```
        </noframes>
    </frameset>
</html>
```

【例 2-15】使用框架实现导航，运行效果如图 2-14 所示，根据导航显示对应的页面内容。

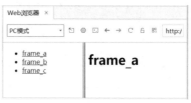

扫一扫 2-7，
例 2-15 运行
效果

图 2-14　框架导航

第 1 步，参考例 2-13 编写 frame_a.html、frame_b.html、frame_c.html 三个内容文件。

第 2 步，编写框架导航文件 main.html，代码如下：

```
<html>
    <head>
        <meta charset="utf-8">
        <title>框架导航</title>
    </head>
    <body>
        <ul>
            <li><a href="frame_a.html" target="view_frame">frame_a</a></li>
            <li><a href="frame_b.html" target="view_frame">frame_b</a></li>
            <li><a href="frame_c.html" target="view_frame">frame_c</a></li>
        </ul>
    </body>
</html>
```

第 3 步，编写页面布局框架集文件 exam2-15.html，代码如下：

```
<html>
    <head>
        <meta charset="utf-8">
        <title>框架集</title>
    </head>
    <frameset cols="200,*">
        <frame src="main.html" />
        <frame src="frame_a.html" name="view_frame" />
    </frameset>
</html>
```

必须在框架中载入超链接页面，因此超链接元素<a>的 target 属性必须是待载入超链接的框架的名字。这里<a>元素的 target 属性值应是显示超链接页面的框架元素<frame>的名字"view_frame"。

2.7　文本格式化

HTML 定义了很多供格式化输出的元素，实现文本的格式输出，常用格式化元素及其含义如表 2-6 所示。

表 2-6　格式化元素

元素名	元素说明
<b>	定义粗体文本
<big>	定义大号文本
<blockquote>	定义长的引用
<cite>	定义引用
<code>	定义计算机代码文本
<del>	定义被删除文本
<dfn>	定义项目
<em>	定义强调文本
<i>	定义斜体文本
<ins>	定义被插入文本
<pre>	定义预格式文本
<q>	定义短的引用
<samp>	定义计算机代码样本
<small>	定义小号文本
<strong>	定义语气更为强烈的强调文本
<sup>	定义上标文本
<sub>	定义下标文本
<time>	定义日期/时间
<tt>	定义打字机文本

【例 2-16】用格式化元素写一封家信，运行效果如图 2-15 所示。

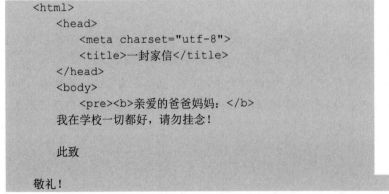

```html
<html>
  <head>
    <meta charset="utf-8">
    <title>一封家信</title>
  </head>
  <body>
    <pre><b>亲爱的爸爸妈妈：</b>
我在学校一切都好，请勿挂念！

    此致

敬礼！
```

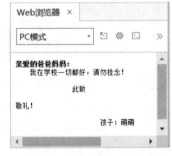

图 2-15　使用格式化元素

```
        孩子：萌萌
    </pre>
  </body>
</html>
```

2.8　元素属性

HTML 元素可以拥有属性，属性能够定义元素的更多信息，前面针对常用元素已经列出一些专有属性，本节给出元素的一些通用属性，如表 2-7 所示。

表 2-7　元素通用属性

属性名	属性说明
accesskey	规定激活元素的快捷键
class	规定元素的一个或多个类名（引用样式表中的类）
id	规定元素的唯一 id
lang	规定元素内容使用的语言
style	规定元素的行内 CSS 样式
tabindex	规定元素的 Tab 键次序
title	规定有关元素的额外信息
translate	规定是否应该翻译元素的内容

2.9　实体

HTML 中有些字符具有特定的含义，属于预留字符，文档中要显示这些预留字符就必须将其转换为字符实体，常用字符实体如表 2-8 所示。

表 2-8　实体

显示结果	实体说明	字符实体
	空格	
<	小于号	&lt;
>	大于号	&gt;
&	和号	&amp;
"	引号	&quot;
'	撇号	' (IE 浏览器不支持)
×	乘号	&times;
÷	除号	&divide;

2.10　任务实施

1. 技术分析

本任务主要训练 HTML 常用元素的用法。涉及主要元素及其用法如下：

- 页面之间跳转使用超链接元素<a>。
- 图像在网页设计中使用非常广泛，图文混排是一种非常重要的呈现模式，熟悉各种图文混排效果的写法。
- 框架能够使网页结构清晰，用框架可实现菜单切换功能。

2. 实施

（1）首页 task2-1.html 代码如下：

```html
<html>
    <head>
        <meta charset="utf-8">
        <title>华为路由器</title>
    </head>
    <body>
        <img src="img/路由器.png" width="400px" height="380px" align="left">
        <h3>150 平方米以上大户型、复杂户型</h3>
        <h1>华为路由 Q2S</h1>
        <h3>即插即用 | 超级组网 | 1 拖 15</h3><br>
        <h3>￥199 起</h3><br>
        <a href="frame.html"><img src="img/按钮-了解更多.png"></a>
        <a><img src="img/按钮-立即购买.png"></a>
    </body>
</html>
```

（2）"功能特征"和"参数规格"框架页面 frame.html 代码如下：

```html
<html>
    <head>
        <meta charset="utf-8">
        <title>框架集</title>
    </head>
    <frameset rows="80,*" frameborder="0">
        <frame src="main.html" />
        <frame src="frame_a.html" name="view_frame" />
    </frameset>
</html>
```

（3）框架导航页面 main.html 代码如下：

```html
<html>
```

```
    <head>
        <meta charset="utf-8">
        <title>框架导航</title>
    </head>
    <body>
        <p align="right">
            <a href="frame_a.html" target="view_frame">功能特征  </a>
            <a href="frame_b.html" target="view_frame">参数规格  </a>
            <a href="frame_c.html" target="view_frame">购买  </a>
            <hr>
        </p>
    </body>
</html>
```

（4）"功能特征"页面 frame_a.html 代码如下：

```
<html>
    <head>
        <meta charset="utf-8">
        <title>功能特征</title>
    </head>
    <body>
        <h1 align="center">宽带都升级了……</h1>
        <h3 align="center">单个路由器的信号面积……</h3>
        <div align="center">
            <img src="img/功能特征.png">
        </div>
    </body>
</html>
```

（5）"参数规格"框架页面 frame_b.html 代码如下：

```
<html>
    <head>
        <meta charset="utf-8">
        <title>规格参数</title>
    </head>
    <body>
        <pre><big><b>尺寸与重量</b></big>裸机尺寸:
        - 母路由: 112.0 mm x 73.3 mm x 183.5 mm
        - 子路由: 75.0 mm x 46.3 mm x 103.0 mm

        整机尺寸:
        - 子母装: 205.5 mm x 198.5 mm x 113mm

        裸机重量:
        - 母路由: 约 495 g
        - 子路由: 约 200 g
        上述均不含电源适配器
        </pre>
        <hr>
        <pre><big><b>颜色</b></big>白色</pre>
    </body>
</html>
```

[本章小结]

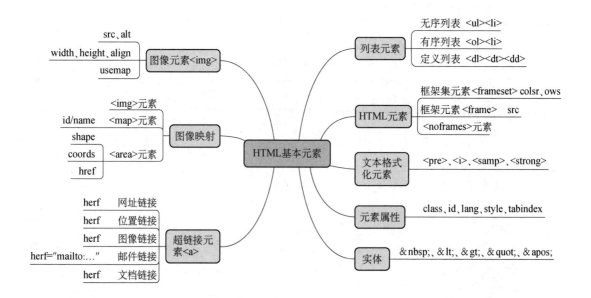

2.11 习题与项目实战

1. 以下哪个实体可以输出引号？（　　）

A. >　　　　　　B. ©　　　　　C. "　　　　　D.

2. 以下哪个实体可以输出空格？（　　）

A. <　　　　　　B. ×　　　　　C. "　　　　　D.

3. 以下哪种方式定义标题最合适？（　　）

A. <big>文章标题</big>　　　　　　　B. <p><b>文章标题</b></p>

C. <h1>标题</h1>　　　　　　　　　D. <div>文章标题</div>

4. 以下哪个不是图像的对齐方式？（　　）

A. top　　　　　　B. left　　　　　　C. center　　　　　D. middle

5. 以下哪段代码可以产生 HTML 超链接？（　　）

A. <a url="http://www.w3school.com.cn">W3School.com.cn</a>

B. <a href="http://www.w3school.com.cn">W3School</a>

C. <a>http://www.w3school.com.cn</a>

D. <a name="http://www.w3school.com.cn">W3School.com.cn</a>

6. 以下哪段代码可以产生电子邮件链接？（　　）

A. <a href="xxx@yyy">　　　　　　　B. <mail href="xxx@yyy">

C. <a href="mailto:xxx@yyy">　　　　　D. <mail>xxx@yyy</mail>

7. 以下哪段代码可以在新窗口中打开链接？（　　）

A. <a href="url" new>　　　　　　　B. <a href="url" target="_blank">

C．<a href="url" target="new">　　　　　　　　D．<a href="url" target="framename">

8．以下哪个元素可以产生带有数字列表符号的列表？（　　）

A．<ul>　　　　　　B．<dl>　　　　　　C．<ol>　　　　　　D．<list>

9．以下哪个元素可以产生带有圆点列表符号的列表？（　　）

A．<dl>　　　　　　B．<list>　　　　　C．<ol>　　　　　　D．<ul>

10．以下哪段代码可以在网页中插入图像？（　　）

A．<img href="image.gif">　　　　　　　　B．<image src="image.gif">

C．<img src="image.gif">　　　　　　　　D．<img>image.gif</img>

11．以下哪个 HTML 元素能够预定义文本格式？（　　）

A．<pre>　　　　　　B．<q>　　　　　　　C．<dfn>　　　　　　D．<cite>

12．以下哪个 HTML 元素能产生斜体字？（　　）

A．<i>　　　　　　　B．<italics>　　　　　C．<ii>　　　　　　D．<li>

13．以下哪个 HTML 元素能产生上标文本？（　　）

A．<sub>　　　　　　B．<sup>　　　　　　C．<small>　　　　　D．<dfn>

14．以下哪种图像格式不能嵌入在 HTML 文档中？（　　）

A．*.gif　　　　　　B．*.tif　　　　　　C．*.bmp　　　　　　D．*.jpg

15．以下哪个说法是错误的？（　　）

A．属性定义在开始标签中，表示该标签的性质和特性

B．属性以"属性名='值'"的形式来表示

C．一个标签可以指定多个属性

D．元素中指定多个属性时需要注意属性的顺序

16．用超链接和图像元素设计如图 2-16 所示的华为网站底部导航。

华为商城　　华为云　　华为智能光伏　　产品定义社区　　华为心声社区

图 2-16　华为网站底部导航

17．用标题字和图像元素设计如图 2-17 所示的华为产品信息显示模块。

18．用标题字和图像元素设计如图 2-18 所示的华为活动预告模块。

图 2-17　华为产品信息显示

图 2-18　活动预告

第 3 章   表单与表格元素

本章介绍网页开发中的表格与表单，表格可用于数据统计和进行内容布局，表单用于接收用户信息和响应用户操作，是实现网页功能的基础。

[本章学习目标]

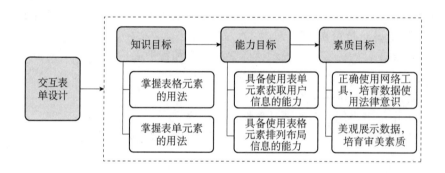

3.1　工作任务 3　填写收货地址表单

使用 HTML 表单与表格元素完成以下两个任务。

（1）用表单元素完成图 3-1 所示的新增收货地址信息录入页面。

图 3-1　新增收货地址信息录入页面

（2）设计表格，利用表格及表格单元格的对齐使收货地址信息录入页面显示效果如图 3-2 所示。

图 3-2　有格式的收货地址信息填写表单

3.2　表格

3.2.1　表格元素与属性

HTML 用<table>元素定义表格，一个表格可以包含若干行，每一行又可以包含若干列，一行的某一列称为一个单元格。HTML 用<tr>元素定义表格行，<td>元素定义标准单元格。表格的表头往往具有加粗加黑的格式，用<th>元素定义表头单元格。表格常用属性如表 3-1 所示。

表 3-1　表格的属性

属性名	属性说明
border	规定表格边框的宽度，取值为像素值 pixels
bgcolor	规定表格的背景颜色，支持常用颜色格式，取值及含义说明如下。 ● rgb(x,x,x)：颜色函数 ● #xxxxxx：十六进制颜色值 ● colorname：颜色名
cellpadding	规定单元边沿与其内容之间的空白，取值为像素值或百分比
cellspacing	规定单元格之间的空白，取值为像素值或百分比
width	规定表格的宽度，取值为像素值或百分比
align	规定表格相对周围元素的对齐方式，取值及含义说明如下。 ● left：靠左对齐 ● center：居中对齐 ● right：靠右对齐

【例 3-1】用表格设计一个通讯录，运行效果如图 3-3 所示。

图 3-3　通讯录效果

```html
<html>
    <head>
        <meta charset="UTF-8">
        <title>通讯录</title>
    </head>
    <body>
        <table border="1" align="center">
            <tr>
                <th>序号</th>
                <th>姓名</th>
                <th>电话</th>
            </tr>
            <tr>
                <td>1</td>
                <td>张三</td>
                <td>555 77 855</td>
            </tr>
            <tr>
                <td>1</td>
                <td>张三</td>
                <td>666 77 866</td>
            </tr>
            <tr>
                <td>2</td>
                <td>李四</td>
                <td>777 77 877</td>
            </tr>
        </table>
    </body>
</html>
```

【例 3-2】修改例 3-1，设置表格宽度为 80%，居中对齐，单元格内边距为 15px，修改后的运行效果如图 3-4 所示。

为表格元素增加内边距、宽度和对齐属性定义，代码如下：

```html
<table border="1" align="center" cellpadding="15px" width="80%">
```

图 3-4　设置表格内边距和宽度

3.2.2　表格单元格属性

单元格包括表头单元格<th>和内容单元格<td>，是表格的基本组成单位，具有自己的属性，常用属性如表 3-2 所示。

表 3-2　单元格（<td>/<th>）的属性

属性名	属性说明
align	规定单元格内容的水平排列方式，取值及含义说明如下。 • left：靠左对齐 • center：居中对齐 • right：靠右对齐 • justify：分散对齐 • char：字符
valign	规定单元格内容的垂直排列方式，取值及含义说明如下。 • top：顶部对齐 • middle：居中对齐 • bottom：底部对齐 • baseline：基线对齐
bgcolor	规定表格单元格的背景颜色，支持常用颜色格式，取值及含义说明如下。 • rgb(x,x,x)：颜色函数 • #xxxxxx：十六进制颜色值 • colorname：颜色名
colspan	规定单元格可横跨的列数，取值为数字
rowspan	规定单元格可横跨的行数，取值为数字
nowrap	规定单元格中的内容是否折行，取值为 nowrap
width	规定单元格的宽度，取值为像素值或百分比

【例 3-3】修改例 3-2，采用合并单元格行的方式合并单元格同类项，修改后的运行效果如图 3-5 所示。

图 3-5　合并单元格行

```html
<html>
    <head>
        <meta charset="UTF-8">
        <title>通讯录</title>
    </head>
    <body>
        <table border="1" align="center" cellpadding="5px" width="80%">
            <tr>
                <th>序号</th>
                <th>姓名</th>
                <th>电话</th>
            </tr>
            <tr>
                <td rowspan="2">1</td>
                <td rowspan="2">张三</td>
                <td>555 77 855</td>
            </tr>
            <tr>
                <td>666 77 866</td>
            </tr>
            <tr>
                <td>2</td>
                <td>李四</td>
                <td>777 77 877</td>
            </tr>
        </table>
    </body>
</html>
```

【例 3-4】修改例 3-2，采用合并单元格列的方式合并单元格同类项，修改后的运行效果如图 3-6 所示。

图 3-6　合并单元格列

```
<html>
    <head>
        <meta charset="UTF-8">
        <title>通讯录</title>
    </head>
    <body>
        <table border="1" align="center" cellpadding="5px" width="80%">
            <tr>
                <th>序号</th>
                <th>姓名</th>
                <th colspan="2">电话</th>
            </tr>
            <tr>
                <td>1</td>
                <td>张三</td>
                <td>555 77 855</td>
                <td>666 77 866</td>
            </tr>
            <tr>
                <td>2</td>
                <td>李四</td>
                <td colspan="2" align="center">777 77 877</td>
            </tr>
        </table>
    </body>
</html>
```

3.2.3 复杂表格元素

表格还可以包含<caption>、<col>、<colgroup>、<thead>、<tfoot>、<tbody>等元素，使表格结构更为清晰，显示内容更为丰富。这些元素的含义及属性取值和说明如表 3-3 所示。

表 3-3 表格其他元素及其属性

元素名	元素属性说明
<caption>	align 属性，规定表格标题的水平对齐方式，属性取值及含义说明如下。 ● left：靠左对齐 ● center：居中对齐 ● right：靠右对齐 ● top：顶部对齐 ● bottom：底部对齐
<thead>	align 属性，规定表格页眉<thead>元素中内容的水平对齐方式，属性取值及含义说明如下。 ● left：靠左对齐 ● center：居中对齐 ● right：靠右对齐 ● justify：分散对齐 ● char：字符

续表

元素名	元素属性说明
`<thead>`	valign 属性，规定表格页眉`<thead>`元素中内容的垂直对齐方，属性取值及含义说明如下。 ● top：顶部对齐 ● middle：居中对齐 ● bottom：底部对齐 ● baseline：基线对齐
`<tbody>`	定义表格的主体，同`<thead>`元素
`<tfoot>`	定义表格的页脚，同`<thead>`元素
`<col>`	定义用于表格列的属性。常用属性及说明如下。 ● 对齐属性同`<thead>`元素 ● span 属性，取值为整数，规定`<col>`元素应该横跨的列数 ● width 属性，取值可以是 pixels，%，relative_length，规定`<col>`元素的宽度
`<colgroup>`	定义表格列的组，同`<col>`元素

`<colgroup>`元素能够对表格中的列进行组合，方便按列格式化。

【例 3-5】 修改例 3-3，用复杂表格元素整理表格代码，并为表格添加标题、页脚汇总和按列设计表格的样式，修改后的运行效果如图 3-7 所示。

扫一扫 3-1,
例 3-5 运行效果

图 3-7　复杂表格元素使用

```html
<html>
    <head>
        <meta charset="UTF-8">
        <title>通讯录</title>
    </head>
    <body>
        <table border="1" align="center" width="80%">
            <!--表题设计-->
            <caption><h3>通讯录</h3></caption>
            <!-按列设计样式-->
            <colgroup bgcolor="#f79d03" span="2" />
            <colgroup bgcolor="#00ff88" />
            <!--表头设计-->
            <thead>
```

```
            <tr>
                <th>序号</th>
                <th>姓名</th>
                <th>电话</th>
            </tr>
        </thead>
        <!--表格内容设计-->
        <tbody align="center">
            <tr>
                <td rowspan="2">1</td>
                <td rowspan="2">张三</td>
                <td>555 77 855</td>
            </tr>
            <tr>
                <td>666 77 866</td>
            </tr>
            <tr>
                <td>2</td>
                <td>李四</td>
                <td>777 77 877</td>
            </tr>
        </tbody>
        <!--表格页脚设计-->
        <tfoot align="center">
            <tr>
                <td colspan="2">总人数</td>
                <td>2</td>
            </tr>
        </tfoot>
    </table>
  </body>
</html>
```

3.3　表单

3.3.1　<form>元素

表单用于收集用户的输入，<form>元素是表单元素的容器元素，能够接收表单提交的信息。<form>元素的常用属性如表 3-4 所示。

表 3-4　<form>元素的常用属性

属性名	属性说明
action	规定表单提交时执行的动作，往往用于定义向何处发送表单数据，通常会发送到 Web 服务器中的网页上

属性名	属性说明
method	规定表单提交时所用的 HTTP 方法，取值及含义说明如下。 • get：默认方法，以"名称/值"对的形式将表单数据追加到 URL，表单数据在页面地址栏中可见，不适合敏感数据的提交，适合少量数据的提交，URL 的长度被限制为 2048 个字符，适合将结果添加为书签的表单提交，使用方便，如 Google 中的查询字符串就使用这种方式 • post：将表单数据附加在 HTTP 请求的正文中，大小不受限，可用于发送大量数据，数据不会在 URL 中显示，安全性更高，但是无法提交添加了书签的表单
target	规定在何处打开 action 提交的 URL，取值及含义说明如下。 • _blank：响应显示在新窗口或选项卡中 • _self：默认值，响应显示在当前窗口中 • _parent：响应显示在父框架中 • _top：响应显示在窗口的整个 body 中 • framename：响应显示在命名的 iframe 中
name	规定表单的名称
novalidate	规定浏览器不验证表单

3.3.2 <input>元素

<input>元素用于收集用户信息，根据 type 属性值的不同，输入的字段可以是文本字段、复选框、掩码后的文本、单选按钮、按钮等。<input>元素的常用属性如表 3-5 所示。

表 3-5 <input>元素的常用属性

属性名	属性说明
checked	规定此<input>元素首次加载时应当被选中
max	规定输入字段的最大值，需要与"min"属性配合使用来创建合法值的范围，取值及说明如下。 • number：数字 • date：日期
min	规定输入字段的最小值，需要与"max"属性配合使用来创建合法值的范围，取值及说明如下。 • number：数字 • date：日期
maxlength	规定输入字段的字符最大长度，取值为数字
multiple	规定允许使用一个以上的值
name	规定元素的名称
pattern	规定输入字段值的模式或格式，取值为正则表达式，如 pattern="[0-9]"表示输入值必须是 0 到 9 之间的数字
placeholder	帮助用户填写输入字段的提示
readonly	规定输入字段为只读字段

续表

属性名	属性说明
required	规定输入字段必须有输入值
type	规定\<input>元素的类型，取值及含义说明如下： • button：按钮 • checkbox：复选框 • file：文件 • hidden：隐藏字段 • image：图像 • password：密码输入框 • radio：单选按钮，同组的单选按钮"name"属性值必须相同 • reset：重置按钮 • submit：提交按钮 • text：文本字段
value	规定\<input>元素的值
size	规定输入字段的宽度，取值为数字

【例 3-6】使用表单元素设计一个运行效果如图 3-8 所示的用户注册页面。

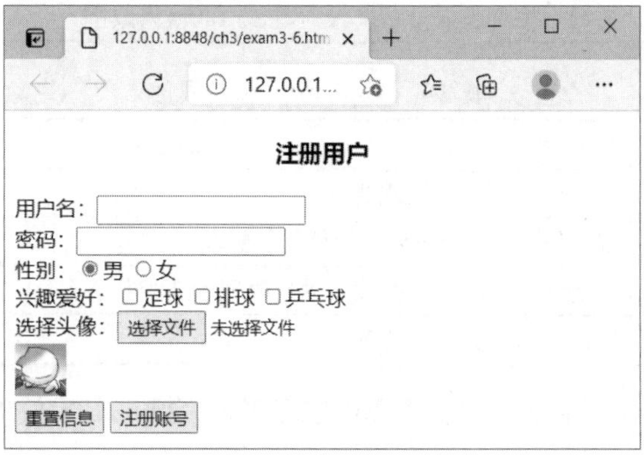

图 3-8　用户注册页面

```html
<html>
  <head>
    <meta charset="UTF-8">
    <title>注册用户</title>
  </head>
  <body>
    <h3 align="center">注册用户</h3>
    <form action="exam3-6.html" method="post">
      用户名：<input type="text" name="username"/><br/>
      密码：<input type="password" name="password"/><br/>
      性别：<input type="radio" name="sex" value="man" checked="checked"/>男
          <input type="radio" name="sex" value="woman" />女<br />
      兴趣爱好：<input type="checkbox" name="interest" value="football"/>足球
        <input type="checkbox" name="interest" value="volleyball"/>排球
        <input type="checkbox" name="interest" value="ping-pong"/>乒乓球<br/>
      选择头像：<input type="file" name="file" /><br/>
```

```
        <input type="image" width="40" height="40" src="img/eg_cute.gif"/><br />
        <input type="reset" name="btnreset" value="重置信息" />
        <input type="submit" name="btnsubmit" value="注册账号" />
    </form>
  </body>
</html>
```

3.3.3　下拉列表

使用<select>元素创建下拉列表，列表中的每一个选项（一个条目）用<option>元素定义。<select>元素的属性如表 3-6 所示，<option>元素的属性如表 3-7 所示。

表 3-6　<select>元素的属性

属性名	属性说明
multiple	规定可选择多个选项
name	规定下拉列表的名称
required	规定文本区域是必填的
size	规定下拉列表中可见选项的数目，取值为数字

表 3-7　<option>元素的属性

属性名	属性说明
disabled	规定选项在首次加载时被禁用
label	规定使用<optgroup>时所使用的标注
selected	规定选项首次显示在列表中时表现为选中状态
value	规定送往服务器的选项值

【例 3-7】修改例 3-6，用下拉列表选择性别和兴趣爱好，显示效果如图 3-9 所示。

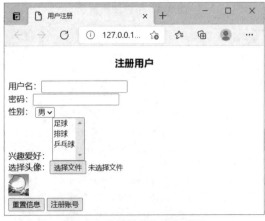

图 3-9　选择性别和兴趣爱好

性别和兴趣爱好选择代码修改如下：

```
性别：<select name="sex">
    <option value="man" selected="selected">男</option>
    <option value="woman">女</option>
</select><br>
兴趣爱好：<select name="sex" multiple="multiple">
    <option value="football">足球</option>
    <option value="volleyball">排球</option>
    <option value="ping-pong">乒乓球</option>
</select><br>
```

3.3.4　文本域

文本域用<textarea>元素定义，能够实现多行文本的输入，较<input>元素实现的文本输入具有可容纳无限数量文本的特点，文本的默认字体是等宽字体（courier），其常用属性如表 3-8 所示。

表 3-8　< textarea >元素的属性

属性名	属性说明
cols	规定文本区域的可见宽度，取值为数字
maxlength	规定文本区域的最大字符数，取值为数字
name	规定文本区域的名称
readonly	规定文本区域只读
required	规定文本区域必填
rows	规定文本区域的可见行数，取值为数字
wrap	规定在表单中提交时文本区域中的文本如何换行，取值及含义说明如下。 ● soft：默认提交值，文本不换行 ● hard：文本换行，包含换行符，这种方式下必须规定 cols 属性

【例 3-8】修改例 3-6，为用户注册界面增加一个自我介绍文本域，显示效果如图 3-10 所示。

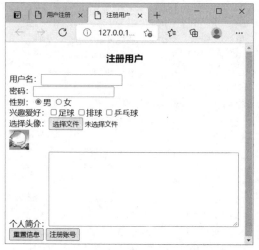

图 3-10　增加一个自我介绍文本域

在头像图像下面增加自我介绍代码如下：

```
个人简介：<textarea cols="50" rows="10"></textarea><br>
```

3.4 任务实施

1. 技术分析

本任务用于训练 HTML 表单和表格元素的用法，涉及主要元素及其用法如下：

● 设置表单元素<input>不同的 type 属性值可以使表单成为文本输入、多选/单选输入和提交按钮。

● 表格能够用作数据表格，也可以用于简单对齐，将表单元素放到表格里能够实现一定对齐模式，显示更为美观。

2. 实施

（1）编写代码实现新增收货地址录入页面。

```
<html>
    <head>
        <meta charset="utf-8">
        <title>收货地址</title>
    </head>
    <body>
        <h3>新增收货地址</h3>
        <span style="color: red;">*</span>收件人姓名
        <input type="text" name="username" placeholder="请输入收件人姓名" /><br>
        <span style="color: red;">*</span>所在地区
        <select name="province">
            <option value="noselect" selected="selected">省/自治区/直辖市</option>
            <option value="beijing">北京市</option>
            <option value="shanghai">上海京</option>
            <option value="jiangsu">江苏省</option>
        </select>
        <select name="city">
            <option value="noselect" selected="selected">市/区</option>
            <option value="beijing">北京市</option>
            <option value="shanghai">上海京</option>
            <option value="nanjing">南京市</option>
        </select>
        <select name="district">
            <option value="noselect" selected="selected">区/县</option>
            <option value="haidian">海淀区</option>
            <option value="xuhui">徐汇区</option>
            <option value="gulou">鼓楼区</option>
```

```
        </select>
        </br>
        <span style="color: red;">*</span>详细地址
        <textarea name="detailadress" placeholder="请输入有效地址"></textarea>
        </br>
        邮政编码<input type="text" name="postcode"
                    placeholder="请输入邮政编码" /></br>
        <span style="color: red;">*</span>手机号码
        <input type="text" name="mobilephone" value="+86(中国大陆)"/></br>
        <input type="checkbox" value="defaultadress">设为默认地址</br>
        <input type="button" value="添加" name="add" style="color: red;">
        <input type="button" value="取消" name="cancel">
    </body>
</html>
```

（2）设计一个 7 行 2 列的表格，用于定义表格宽度，将收货地址信息录入页面表单元素放到表格里，利用表格单元格的对齐实现元素的对齐，使"收货地址信息录入"页面显示效果满足要求。

```
<html>
    <head>
        <meta charset="utf-8">
        <title>收货地址</title>
    </head>
    <body>
        <h3>新增收货地址</h3>
        <table width="100%">
            <tr>
                <td><span style="color: red;">*</span>收件人姓名</td>
                <td><input name="username" ….. size="35" /></td>
            </tr>
            <tr>
                <td><span style="color: red;">*</span>所在地区</td>
                <td><select name="province">
                        ……
                    </td>
            </tr>
            <tr>
                <td valign="top"><span style="color: red;">*</span>详细地址</td>
                <td><textarea name="detailadress" …… cols="33" />
                    </textarea></td>
            </tr>
            <tr>
                <td>邮政编码</td>
                <td><input type="text" name="postcode" …… size="35" /></td>
            </tr>
            <tr>
                <td><span style="color: red;">*</span>手机号码</td>
                <td><input type="text" name="mobilephone" …. size="35" /></td>
            </tr>
            <tr>
```

```
            <td></td>
            <td><input type="checkbox" value="defaultadress">设为默认地址</td>
        </tr>
        <tr>
            <td></td>
            <td align="left">
                <input type="button" value="添加" name="add"
                        style="color: red;">
                 <input type="button" value="取消" name="cancel">
            </td>
        </tr>
    </table>
    </body>
</html>
```

［本章小结］

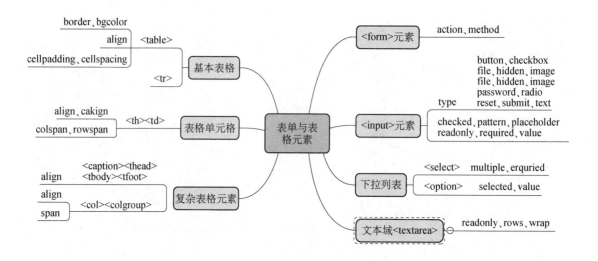

3.5   习题与项目实战

1. 以下选项中，哪个全部是表格元素？（   ）

A．<table><head><tfoot>   B．<table><tr><td>

C．<table><tr><tt>   D．<thead><body><tr>

2. 以下哪个元素的设置能够使单元格内容左对齐？（   ）

A．<td align="left">   B．<td valign="left">

C． <td leftalign>   D．<td left>

3. 以下哪个元素定义可以生成复选框？（   ）

A．<input type="check">   B．<checkbox>

C．<input type="checkbox"> 　　　　　　D．<check>

4．以下哪个元素定义可以生成文本框？（　　　）

A．<input type="textfield"> 　　　　B．<textinput type="text">

C．<input type="text"> 　　　　　　D．　<textfield>

5．以下哪个元素定义可以生成下拉列表？（　　　）

A．<list> 　　　　　　　　　　　　B．<input type="list">

C．<input type="dropdown"> 　　　　D．<select>

6．以下哪个元素定义可以生成文本区域（textarea）？（　　　）

A．<textarea> 　　　　　　　　　　B．<input type="textarea">

C．<input type="textbox"> 　　　　　D．<input type="text">

7．用表格元素与单元格合并属性实现如图 3-11 所示的九宫格形状。

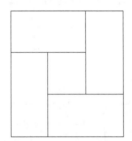

图 3-11　九宫格显示

8．用表单和框架实现如图 3-12 所示的华为两种用户登录方式。

（a）扫码登录　　　　　　　　　　　　（b）账号登录

图 3-12　华为用户登录

第4章 CSS 基础

CSS 基础

样式是网页内容的表现形式，是网页设计中非常重要的内容。本章介绍 CSS 样式的语法规则、样式的优先级和 CSS 选择器，通过选择器筛选待定义样式的元素。

[本章学习目标]

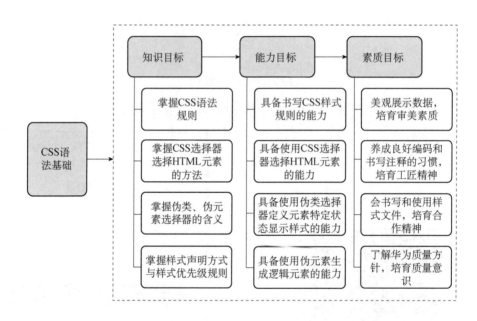

4.1 工作任务 4 设计收货地址表单样式

完善工作任务 3，为"收货地址"页面增加样式设计，使页面背景色按内容类型分为三个区域，显示更为清晰友好，运行效果如图 4-1 所示。

扫一扫 4-1，
工作任务 4
运行效果

图 4-1　具有样式设计的"收货地址"页面

4.2　CSS 概述

CSS 是层叠样式表（cascading style sheets）的简称，用于描述 HTML 内容在浏览器、纸张或其他媒体上的显示样式，实现了 HTML 内容和表现形式的分离，为样式重用提供了技术基础，符合软件编程代码重用的思想，在网页设计中使用广泛。

4.2.1　CSS 语法规则

1. 样式声明语法规则

CSS 规则集（rule-set）定义元素的样式，由选择器和声明块组成，如图 4-2 所示。

图 4-2　CSS 规则集

规则集语法格式说明如下：

（1）选择器筛选需要设置样式的 HTML 元素。

（2）声明块用花括号括起来，能够包含一条或多条样式声明，声明之间用分号进行分隔。

（3）一条声明设置样式的一个属性，包含 CSS 属性名称和属性的合法取值，属性名与

52

属性值之间以冒号进行分隔。

（4）如果一个属性有多个属性值，属性值之间用空格进行分隔。

 属性值用空格进行分隔，所以需要特别注意，属性值与值的单位之间不能有空格，如 14 个像素要写成 14px，在 14 和 px 之间一定不能有空格。

图 4-2 所示规则集声明说明如下：

（1）选择了\<h1>元素。

（2）声明块中有两条声明，为\<h1>元素定义了两个样式。

（3）第 1 条声明中 color 是属性名，red 是属性值，定义\<h1>元素的前景色为红色。

（4）第 2 条声明中，font-size 是属性名，14px 是属性值，定义\<h1>元素的字号为 14 个像素。

 与 HTML 一样，CSS 也不区分大小写，但是选择器中的 class 和 id 属性名称严格区分大小写。

2. 注释语法规则

CSS 注释以"/*"开始，以"*/"结束，书写格式如下：

```
/*这是一条 CSS 注释*/
```

4.2.2　CSS 样式引入方式

有以下 3 种引入 CSS 样式到 HTML 文档的方式。

1. \<style>元素

\<style>元素为 HTML 文档定义内部样式文件，一般放在 HTML 的头部元素\<head>中，通过在\<style>元素中定义 CSS 样式规则集来格式化 HTML 元素。

\<style>元素一般只设置一个属性 type，该属性有一个唯一取值"text/css"，用于规定 style 元素的内容类型。

2. \<link>元素

\<link>元素为 HTML 文档链接一个外部样式文件，是一个空元素，仅包含属性，只能放在 HTML 头部元素\<head>中，一个\<link>元素链接一个外部样式文件，链接多个外部样式文件需要多个\<link>元素，所以\<link>元素可以在头部元素\<head>中出现多次。\<link>元素的属性说明如表 4-1 所示。

表 4-1　\<link>元素的属性

属性名	属性说明
href	规定被链接文档的位置，取值为 URL

续表

属性名	属性说明
rel	规定当前文档与被链接文档之间的关系，属性取值举例及说明如下。 ● icon：图片 ● stylesheet：样式表
type	规定被链接文档的 MIME 类型，如链接样式表的取值为 text/css

3. @import 语法

@import 是 CSS 提供的语法规则，与<link>元素一样，用于为 HTML 文档链接一个外部样式文件，<link>元素链接的样式文件在页面加载时被引入，@import 链接的样式文件在页面加载完毕后被引入，没有闪烁问题，但是@import 是 CSS2.1 才有的语法，只能在 IE5 以上的浏览器才能识别。其语法格式如下：

```
@import url(URL)
```

参数 URL 用于规定待链接样式文件的路径。

4.2.3　简单 CSS 属性

元素的属性有两种类型，一种类型是与元素功能相关的属性，如<a>元素的 href 属性、<img>元素的 src 属性等，这些属性与元素的功能息息相关，往往是必须设置的。还有一种类型与元素的外观相关，也就是元素的样式属性，本章讲解 CSS 样式，为了学习方便起见，本节简单介绍一些元素较为通用的样式属性。

1. 元素的颜色属性

可以设置元素的前景色与背景色，属性及取值说明如表 4-2 所示。

表 4-2　元素颜色属性

属性名	属性说明
background-color	定义元素的背景颜色，取值及含义说明如下。 ● rgb(x,x,x)：颜色函数 ● #xxxxxx：十六进制颜色值 ● colorname：颜色名，如 red, green, blue, pink……
color	定义元素的前景颜色，取值及含义同背景色

2. 元素的尺寸属性

可以设置元素的大小，属性及取值说明如表 4-3 所示。

表 4-3　元素大小属性

属性名	属性说明
width	定义元素的宽度，取值及含义说明如下。 ● auto：默认，浏览器自动计算高度和宽度 ● length：以 px、cm 等单位定义宽度 ● %：以包含块的百分比定义宽度 ● initial：将宽度设置为默认值 ● inherit：从父级继承宽度
height	定义元素的高度，取值及含义说明同 width 属性

3. 文本的装饰属性

文本的装饰属性如表 4-4 所示。

表 4-4　文本对齐属性

属性名	属性说明
text-indent	设置文本的缩进，取值为数值，单位为 px 或 em 百分比
text-align	设置文本的水平对齐方式，取值及含义说明如下。 ● left：左对齐，文本方向从左到右的默认对齐方式 ● right：右对齐，文本方向从右到左的默认对齐方式 ● justify：等宽对齐
text-decoration	设置或删除文本装饰，使文本显示某种效果，取值及含义说明如下。 ● none：默认，定义标准的文本。修饰<a>元素表示从链接上删除下划线 ● underline：给文本添加下划线 ● overline：给文本添加上划线 ● line-through：给文本添加穿越线 ● blink：定义闪烁文本
vertical-align	设置文本素的垂直对齐方式，取值及含义说明如下。 ● top：顶部对齐 ● middle：居中对齐 ● bottom：底部对齐
line-height	设置文本的行高，取值为数值，单位为 px 或 em 百分比

4. 文本的字体属性

文本的字体属性如表 4-5 所示。

表 4-5　文本的字体属性

属性名	属性说明
font-family	设置文本的字体名称，如果字体名称不止一个单词，字体名称必须用引号引起来，如"Times New Roman"；还可以包含多个字体名称，名称之间用逗号进行分隔，如"arial, helvetica, sans-serif"

续表

属性名	属性说明
font-style	设置文本的字体风格，取值及含义说明如下。 • normal：文本正常显示 • italic：文本以斜体显示 • oblique：文本为"倾斜"（与斜体非常相似，支持较少）
font-size	设置文本的字体大小，取值为数值，单位为 px 或 em 百分比
font-weight	设置文本的粗细，取值及含义说明如下。 • normal：默认值，标准字体 • bold：粗体字符 • bolder：更粗的字符 • lighter：更细的字符
font	字体复合属性，在一个声明中设置所有的字体属性，不同属性之间用空格进行分隔，若设置多个备用字体，字体之间用逗号进行分隔

4.3 简单选择器

CSS 选择器用于"查找"（或选取）HTML 元素，从而为元素设置特定的样式。根据选择器选择元素的规则不同，可以将选择器分为两类，本节介绍选择规则简单、使用频率较高的简单选择器。

1. 基本选择器

基本选择器是选择器的基础，有 4 种基本选择器，如表 4-6 所示。

表 4-6 简单选择器

选择器	取值及实例	描述
元素选择器	元素名，如 p 选择所有<p>元素	根据元素名称来选择所有的 HTML 元素
id 选择器	井号（#）+元素的 id，如#ld 选择 id 属性值为 ld 的元素	使用 HTML 元素的 id 属性来选择特定元素，由于元素 id 属性的唯一性，id 选择器只能选到唯一的一个 HTML 元素
class 类选择器	点号（.）+CSS 类名，如.lc 选择所有具有 class 属性且属性值为 lc 的元素	选择具有特定 class 属性的所有 HTML 元素
通用选择器	星号（*）	选择页面上所有的 HTML 元素

【例 4-1】用选择器选择元素，为例 2-9 增加样式，显示效果如图 4-3 所示。

56

扫一扫 4-2，
例 4-1 运行效果

图 4-3　简单选择器

```html
<html>
    <head>
        <meta charset="utf-8" />
        <title>简单选择器</title>
        <style type="text/css">
            /* id选择器*/
            #ld {
                color: #F00;
            }
            /*类选择器，选择类名为lc的元素*/
            .lc {
                color: #00F;
            }
            /*元素选择器，选择li元素*/
            li {
                font-weight: bold;
            }
            /*通用选择器，设置网页背景*/
            * {
                background-color: #EEE;
            }
        </style>
    </head>
    <body>
        <div>
            <h1>质量方针</h1>
            <hr width="50px" color="red" align="left">
            <ul>
                <li id="ld">时刻铭记质量是华为生存的基石……（）</li>
                <li class="lc">我们把客户要求与期望……（蓝色）</li>
                <li>我们尊重规则流程，一次把事情做对……（黑色）</li>
                <li class="lc">我们与客户一起平衡机会与风险……（蓝色）</li>
                <li>华为承诺向客户提供高质量的产品……（黑色）</li>
            </ul>
        </div>
    </body>
</html>
```

【**例 4-2**】用简单选择器选择元素，为分区元素设置样式，显示效果如图 4-4 所示。

扫一扫 4-3，
例 4-2 运行效果

图 4-4　设置分区元素样式

```
<html>
    <head>
        <title>设置盒子元素的样式</title>
        <meta charset="utf-8">
        <style>
            div {
                width: 100%;
            }
            .box {
                height: 30px;
                background-color: lavender;
            }
            #left {
                width: 25%;
                height: 60px;
                background-color: antiquewhite;
            }
            #right {
                width: 75%;
                height: 100px;
                background-color: aquamarine;
            }
        </style>
    </head>
    <body>
        <div class="box">top</div>
        <div id="left">left</div>
        <div id="right">right</div>
        <div class="box">bottom</div>
    </body>
</html>
```

2. 分组选择器

如果要将一个样式集定义到多个选择器上，可以使用分组选择器，分组选择器是用逗号进行分隔的选择器，如 p,.lc 选取所有<p>元素和所有具有 class 属性且属性值为 lc 的元素；

又如 p,div 选取所有<p>元素和所有<div>元素。

3. 多类名选择器

多类名选择器是针对元素而言的，如果一个元素要设置多种类型的样式，如既要设置颜色样式，又要设置大小样式，遵循模块化程序设计思想，就可以将两类样式分别定义在两个类选择器中，在元素中用空格进行分隔，同时使用这两个类样式。为同一个元素使用多个类样式的选择器称为多类名选择器。

【例 4-3】修改例 4-2，使用分组选择器进一步明确类名选择器名称的含义，使用多类选择器为分区元素使用多个类样式，修改后顶部盒子元素的文字变大了，运行效果如图 4-5 所示。

图 4-5　设置盒子元素样式

```html
<html>
    <head>
        <title>设置盒子元素的样式</title>
        <meta charset="utf-8">
        <style>
            /* .top 和.bottom 分组选择器 */
            .top,.bottom {
                height: 40px;
                background-color: lavender;
            }
            .font{
                font-size: 28px;
            }
            /* #left、#right 和 div 选择器样式设置同例 4-2*/
        </style>
    </head>
    <body>
        <!-- top 和 font 多类选择器 -->
        <div class="top font">top</div>
        <div id="left">left</div>
        <div id="right">right</div>
        <div class="bottom">bottom</div>
    </body>
</html>
```

4.4 复杂选择器

4.4.1 组合选择器

组合选择器根据元素之间的层级关系来选取元素，有 4 种组合选择器，如表 4-7 所示。

表 4-7 组合选择器

选 择 器	取值及实例	描 述
后代选择器	用空格分隔的选择器，如 div p 选择\<div\>元素内的所有\<p\>元素	匹配属于指定元素的所有后代元素，两个元素之间的层次间隔可以是无限的
子元素选择器（上下文选择器）	用大于号分隔的选择器，如 div>p 选择父元素是\<div\>元素的所有\<p\>元素	匹配属于指定元素的所有子元素
相邻兄弟选择器（next 选择器）	用加号分隔的选择器，如 div+p 选择所有紧随\<div\>元素之后的\<p\>元素，且\<div\>元素和\<p\>元素有共同的父级	匹配与指定元素相邻且同级的元素，同级要求有相同的父元素，相邻要求紧随其后
同胞选择器（nextAll 选择器）	用波浪线分隔的选择器，如 p~ul 选择与\<p\>元素同级的所有\<ul\>元素	匹配属于指定元素的所有同级元素，仅要求有相同的父元素

 表 4-7 中举例使用的简单选择器之所以都是元素选择器仅是为了说明方便，并不表示其他基本选择器不能使用，如 div.box1 后代选择器表示选择\<div\>元素的具有 box1 类属性的后代元素。事实上，4.3 节列出的基本选择器都可以在这里使用。

【例 4-4】用组合选择器选择元素，为例 2-9 增加样式，显示效果如图 4-6 所示。

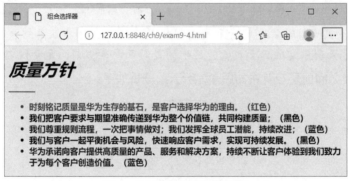

扫一扫 4-4，
例 4-4 运行效果

图 4-6 组合选择器选择元素

```html
<html>
    <head>
        <meta charset="utf-8" />
        <title>组合选择器</title>
        <style type="text/css">
            #ld{
                color:#F00;
```

```
        }
        /* 选择类属性值为 lc 的 li 兄弟元素 */
        .lc+li{
            color:#00F;
        }
        html>body{
            background-color:#EEE;
        }
        /* 选择与 h1 元素同级的 ul 元素 */
        h1~ul{
            font-weight:bold;
        }
        /* 选择与 body 元素的后代元素 h1 元素 */
        body h1{
            font-style:italic;
        }
    </style>
</head>
<body>
    <div>
        <h1>质量方针</h1>
        <hr width="50px" color="red" align="left">
        <ul>
            <li id="ld">时刻铭记质量是华为生存的基石……（红色）</li>
            <li class="lc">我们把客户要求与期望……（黑色）</li>
            <li>我们尊重规则流程，一次把事情做对……（蓝色）</li>
            <li class="lc">我们与客户一起平衡机会与风险……（黑色）</li>
            <li>华为承诺向客户提供高质量的产品……（蓝色）</li>
        </ul>
    </div>
</body>
</html>
```

Tips 使用组合选择器时需要理清元素之间的层级关系，还要注意组合选择器选择的是由前面元素所限定的后面元素，匹配的是后面元素，前面元素仅起限定作用。

例 4-4 中元素之间的层级关系如图 4-7 所示，分析如下：

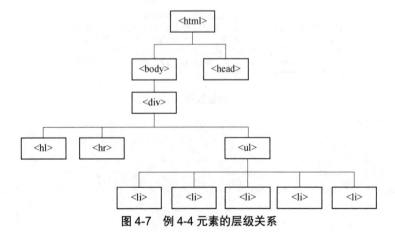

图 4-7 例 4-4 元素的层级关系

（1）<hr>和<ul>元素都是<h1>元素的同胞元素，<hr>元素还是<h1>元素的相邻兄弟元素，但<ul>元素不是<h1>元素的相邻兄弟元素，<ul>元素是<hr>元素的相邻兄弟元素。

（2）<h1>、<hr>、<ul>元素都是<div>元素的子元素，但不是<body>元素的子元素，是<body>元素的后代元素，也是<html>元素的后代元素，跟<head>元素没有关系。

有兴趣的读者还可以分析其他元素之间的层级关系。

4.4.2　伪类选择器

伪类选择器选择处于特殊状态的元素，如鼠标悬停于上方的元素、获得输入焦点的元素等。选择器语法格式如下：

```
selector:pseudo-class;
```

选择器后面紧跟元素的状态（也即伪类名），选择器与状态之间用冒号进行分隔。伪类名对大小写不敏感，一般使用小写。

1．锚伪类

元素有 4 种访问状态，对应有 4 个伪类，称为锚伪类。超链接元素具有访问新的网页，实现页面跳转的功能，是网页设计中非常重要的一个 HTML 元素，下面以超链接元素的锚伪类为例，说明锚伪类的类型及其含义。

- a:link，尚未被访问过的链接；
- a:visited，已经访问过的链接；
- a:hover，鼠标指针悬于上方的链接；
- a:active，被单击瞬间的链接。

为链接的不同状态设置样式时，必须遵循以下次序规则，否则链接效果会无效。

- a:hover 必须位于 a:link 和 a:visited 之后；
- a:active 必须位于 a:hover 之后。

【例 4-5】定义锚伪类，使处于不同状态的链接具有不同的颜色，显示效果如图 4-8 所示。

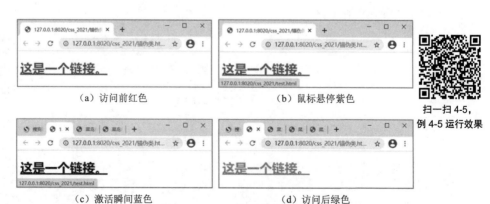

（a）访问前红色　　　　　　　　（b）鼠标悬停紫色

扫一扫 4-5，
例 4-5 运行效果

（c）激活瞬间蓝色　　　　　　　　（d）访问后绿色

图 4-8　锚伪类运行效果

```
<html>
    <head>
        <meta charset="UTF-8">
        <title>锚伪类</title>
        <style type="text/css">
            /* ①访问前红色 */
            a:link {
                color: #FF0000
            }
            /* ②访问后绿色 */
            a:visited {
                color: #00FF00
            }
            /* ③鼠标悬停紫色 */
            a:hover {
                color: #FF00FF
            }
            /* ④激活蓝色 */
            a:active {
                color: #0000FF
            }
        </style>
    </head>
    <body>
        <h1><a href="test.html" target="_blank">这是一个链接。</a></h1>
    </body>
</html>
```

 例 4-5 是锚伪类样式设置的基本顺序，可以作为参考范本进行使用。

 锚伪类是一种非常常用的伪类，该伪类并不仅限于选择处于特定状态的超链接元素，也可以用于选择其他处于特定状态的元素，如 div:hover 伪类选择处于鼠标悬停状态时的分区元素；又如.box:hover 伪类选择具有.box 类属性值，且处于鼠标悬停状态时的元素。

【例 4-6】使用 hover 伪类修改例 3-1 通讯录，鼠标悬停于表格某行时背景颜色变为黄色，显示效果如图 4-9 所示。

扫一扫 4-6，
例 4-6 运行效果

图 4-9　锚伪类使用

```
<html>
    <head>
        <meta charset="UTF-8">
        <title>通讯录</title>
```

```
        <style type="text/css">
            /*hover 伪类，选择鼠标悬停的表格行*/
            tr:hover{
                background-color: yellow;
            }
        </style>
    </head>
    <body>
        <table border="1" align="center">
            <tr>
                <th>序号</th>
                <th>姓名</th>
                <th>电话</th>
            </tr>
            <tr>
                <td>1</td>
                <td>张三</td>
                <td>555 77 855</td>
            </tr>
            <tr>
                <td>2</td>
                <td>李四</td>
                <td>777 77 877</td>
            </tr>
        </table>
    </body>
</html>
```

2. 其他常用伪类

除了锚伪类外还有一些其他常用伪类，如表 4-8 所示。

表 4-8　常用伪类选择器

选　择　器	实　例	实例描述
:checked	input:checked	选择每个被选中的\<input\>元素
:disabled	input:disabled	选择每个被禁用的\<input\>元素
:first-child	p:first-child	选择作为某元素第一个子元素的 p 元素
:focus	input:focus	选择获得焦点的\<input\>元素
:lang(language)	p:lang(it)	选择每个 lang 属性值以"it"开头的\<p\>元素
:last-child	p:last-child	选择作为某元素最后一个子元素的 p 元素
:nth-child(n)	p:nth-child(2)	选择作为某元素第 2 个子元素的 p 元素，索引从 1 开始
:only-child	p:only-child	选择作为某元素唯一子元素的 \<p\> 元素
:optional	input:optional	选择不带"required"属性的 \<input\> 元素
:required	input:required	选择指定了"required"属性的\<input\>元素
:valid	input:valid	选择所有具有有效值的\<input\>元素

【例 4-7】使用 focus 伪类修改例 3-6 中的用户注册页面，使获得输入焦点的元素背景颜色变为黄色，显示效果如图 4-10 所示。

扫一扫 4-7，
例 4-7 运行效果

图 4-10　其他伪类使用

```html
<html>
    <head>
        <meta charset="UTF-8">
        <title>注册用户</title>
        <style type="text/css">
            /*focus 伪类选择器，选择获得输入焦点的 input 元素*/
            input:focus{
                background-color: yellow;
            }
        </style>
    </head>
    <body>
        <body>
            <h3 align="center">注册用户</h3>
            <form action="exam3-6.html" method="post">
                用户名：<input type="text" name="username" /><br />
                密码：<input type="password" name="password" /> <br />
            </form>
        </body>
    </body>
</html>
```

【例 4-8】用伪类做一个彩色字体显示，显示效果如图 4-11 所示，4 个字用 3 种颜色显示出来。

扫一扫 4-8，
例 4-8 运行效果

图 4-11　伪类使用

```html
<html>
    <head>
        <meta charset="utf-8">
        <title>彩色字体</title>
        <style>
            /* 设置所有 span 元素的字体 */
```

```
        span{
            font-size: 50px;
            font-weight: 600;
        }
        /* 设置第 1 个 span 元素的颜色 */
        span:first-child{
            color: #00FF00;
        }
        /* 设置第 2 个 span 元素的颜色 */
        span:nth-child(2){
            color:  #00BFFF;
        }
        /* 设置第 3 和最后一个 span 元素的颜色 */
        span:nth-child(3),span:last-child{
            color: #FF0000;
        }
    </style>
  </head>
  <body>
    <div>
        <span>我</span>
        <span>爱</span>
        <span>中</span>
        <span>国</span>
    </div>
  </body>
</html>
```

 示例拓展：将例 4-8 中的<span>元素转换为 6.2 节介绍的行内块元素，还可以实现彩虹效果。

4.4.3　伪元素选择器

伪元素选择器选择元素的某一部分，如选择元素的首字母、首行等，或者为元素添加一个物理上不存在但逻辑上存在的内容，如在元素之后添加一段文本，一张图像，甚至一个空元素等（在 7.3 节清除浮动上应用非常广泛）。其语法格式如下：

```
selector::pseudo-element
```

选择器后面紧跟伪元素的名称，为了与伪类选择器相区别，选择器与伪元素之间用两个冒号进行分隔，也可以与伪类选择器一样用一个冒号进行分隔。所有伪元素如表 4-9 所示。

表 4-9　伪元素选择器

选 择 器	实　例	实例描述
::after	p::after	在每个<p>元素之后插入内容
::before	p::before	在每个<p>元素之前插入内容

续表

选　择　器	实　例	实例描述
::first-letter	p::first-letter	选择每个\<p\>元素的首字母
::first-line	p::first-line	选择每个\<p\>元素的首行
::selection	p::selection	选择用户选择的元素部分

【例 4-9】使用伪元素选择器设计段落的样式，段落首字符用超大号字体显示，在段落的结尾粘贴一张图像，显示效果如图 4-12 所示。

图 4-12　伪元素设计段落样式

```html
<html>
   <head>
      <meta charset="UTF-8">
      <title>国旗介绍</title>
      <style>
         /* 段落首字母红色 超大字号 */
         p:first-letter {
            color: #ff0000;
            font-size: xx-large;
         }
         /* 段落结束跟随图像元素 */
         p:after {
            content: url(img/国旗.png);
         }
      </style>
   </head>
   <body>
      <p>
         中华人民共和国国旗是五星红旗，为中华人民共和国的象征和标志。
         国旗的红色象征革命。旗上的五颗五角星及其相互关系象征共产党
         领导下的革命人民大团结。五角星用黄色是为了在红地上显出光明，
         四颗小五角星各有一尖正对着大星的中心点，表示围绕着一个中心
```

```
            而团结 。
        </p>
    </body>
</html>
```

4.4.4　属性选择器

1．基本属性选择器

属性选择器基于特定的属性或属性值选择 HTML 元素，如表 4-10 所示。

表 4-10　属性选择器

选　择　器	实　　例	实例描述
[attribute]	[target]	选择带有 target 属性的所有元素
[attribute=value]	[target=_blank]	选择带有 target 属性，且属性值为"_blank"的所有元素
[attribute～=value]	[title～=flower]	选择带有 title 属性，且属性值中包含"flower"一词的所有元素，"flower"是一个单独的单词，与其他词之间用空格分隔，不能有连字符。如 title="my-flower"或 title="flowers"都不是符合要求的元素，title="flower"、title="summer flower" 和 title="flower new"是符合要求的元素
[attribute|=value]	[lang|=en]	选择带有 lang 属性，且 lang 属性以"en"值开头的所有元素，值必须是完整或单独的单词，比如 lang="en"或者后跟连字符的，如 lang="en-text"
[attribute^=value]	a[href^="https"]	选择带有 href 属性，且 href 属性值以"https"开头的每个<a>元素，属性值不必是完整的单词
[attribute$=value]	a[href$=".pdf"]	选择 href 属性值以".pdf"结尾的每个<a>元素，属性值不必是完整的单词
[attribute*=value]	a[href*="w3school"]	选择 href 属性值包含子串"w3school"的每个<a>元素，属性值不必是完整的单词

【例 4-10】使用属性选择器选择元素，为例 2-10 中的文档设置元素样式，显示效果如图 4-13 所示。

扫一扫 4-9，
例 4-10 运行效果

图 4-13　属性选择器选择元素

```html
<html>
    <head>
        <meta charset="utf-8" />
        <title>属性选择器</title>
        <style type="text/css">
            /* 选择包含 href 属性的元素 */
            [href]{
                font-weight:bold;
                color:#07F;
            }
            /* 选择 href 属性值为#的元素 */
            [href='#']{
                color:#F00;
            }
            /* 选择 href 属性值以.png 结束（png 图像）的元素 */
            [href$='.png']{
                font-style:italic;
            }
        </style>
    </head>
    <body>
        <img src="./img/云服务图像.png" align="left">
        <h2>快速使用云服务 123</h2>
        5 分钟快速掌握云服务常用操作
        <ol>
            <li><a href="#">[ECS] 快速购买弹性云服务器</a></li>
            <li><a href>[CCE] 快速创建 Kubernetes 混合集群</a></li>
            <li><a href="#">[IAM] 创建 IAM 用户组并授权</a></li>
            <li><a href="img/huawei_pic.png">[VPC] 搭建 IPv4 网络</a></li>
            <li><a href="#">[RDS] 快速购买 RDS 数据库实例</a></li>
            <li><a>[MRS] 从零开始使用 Hadoop</a></li>
        </ol>
    </body>
</html>
```

【例 4-11】用属性选择器修改例 4-2，保持网页显示效果不变，修改后的样式代码如下：

```html
<style>
    /* 设置所有 div 元素宽度为 100% */
    div {
        width: 100%;
    }
    /* 设置类属性值为 box 的 div 元素样式 */
    div[class="box"] {
        height: 30px;
        background-color: lavender;
    }
    /* 设置 id 属性值为 left 的 div 元素样式 */
    div[id="left"] {
        width: 25%;
        height: 60px;
```

```
        background-color: antiquewhite;
    }
    /* 设置id属性值为right的div元素样式 */
    div[id="right"] {
        width: 75%;
        height: 100px;
        background-color: aquamarine;
    }
</style>
```

2. 类属性选择器

类属性选择器选择类属性值为指定值的元素。类属性是元素的一个通用标准属性，针对类属性选择器，有一些特殊的习惯写法，如 div.box 等价于 div[class="box"]，选择具有 class 属性，且 class 属性值等于"box"的<div>元素。

3. id 属性选择器

id 属性选择器选择 id 属性值为指定值的元素。与类属性一样，id 属性也是元素的一个通用标准属性，id 属性选择器也有一些特殊的习惯写法，如 div#box 等价于 div[id="box"]，选择具有 id 属性，且 id 属性值等于"box"的<div>元素。

【例 4-12】用类属性和 id 属性选择器修改例 4-11，保持网页效果不变，修改后的样式代码如下：

```
<style>
    /* 设置所有div元素宽度为100% */
    div {
        width: 100%;
    }
    /* 设置类属性值为box的div元素样式 */
    div.box {
        height: 30px;
        background-color: lavender;
    }
    /* 设置id属性值为left的div元素样式 */
    div#left {
        width: 25%;
        height: 60px;
        background-color: antiquewhite;
    }
    /* 设置id属性值为right的div元素样式 */
    div#right {
        width: 75%;
        height: 100px;
        background-color: aquamarine;
    }
</style>
```

4.5　元素样式优先级

4.5.1　样式声明方式

1. 内部样式表

用<style>元素在文档头部定义的元素样式称为内部样式表。本章关于样式的定义主要使用的是内部样式表，内部样式表仅作用于<style>元素所在的文档，实现了元素样式与 HTML 网页内容的分离和样式在单个文档中的重用，具有阅读方便和模块化设计的特点，一般在单个文档需要设计样式时使用这种模式。

2. 外部样式表

网站往往具有统一的风格，在同一个网站的不同页面中会使用同样的配色、尺寸方案，因此，同样的样式就会应用到多个页面中，这种情况下外部样式表将是最理想的选择方案。特别是在一些特殊的情况下能够通过改变样式文件来改变整个站点的外观，如在一些特殊的节假日，简单地修改配色样式文件就可以让网站呈现不同的配色风格，表达不同的主题，为网站设计带来了极大的便利。因此，在真实网站设计中，使用外部样式表的情况更多。

外部样式表是单独的一个样式文件，以 css 为扩展名，通过<link>元素或@import 语法将样式表链接到网页中。使用<link>元素将 mystyle.css 样式文件链接到网页文档的代码如下：

```
<head>
    <link rel="stylesheet" type="text/css" href="mystyle.css" />
</head>
```

使用@import 语法将 mystyle.css 样式文件链接到网页文档的代码如下：

```
<head>
    @import url("mystyle.css")
</head>
```

将外部样式表链接到网页中后，浏览器就会从文件 mystyle.css 中读取样式声明，并根据其中的样式定义来格式文档。

外部样式表可以在任何文本编辑器中编辑，只要文件以.css 扩展名进行保存即可，文件内容中不允许包含任何 HTML 元素。

3. 内联样式

当样式仅需要在元素上应用一次时可以使用内联样式，这种方式直接在元素体里定义样式，书写简单，但是将表现和内容混杂在一起，会降低程序的可阅读性和破坏模块化程序设计的思想。因此，一般不使用这种方式定义元素的样式属性，仅在元素功能相关的属性设置中使用。如不建议使用这种方式设置超链接元素的外观，如颜色、字体等样式属性，仅在超链接元素要链接的内容属性 href 上使用这种样式。以下代码使用内联样式将超链接元素定位到首页。

```
<a href="default.html">首页</a>
```

以下代码不推荐使用。

```
<a style="color: #7FFFD4;"></a>
```

4.5.2　样式声明方式的优先级

如果元素的某些属性在不同的样式声明中被多次定义，那么属性值就具有了多重的值，称为多重样式声明。

被多重样式声明的属性具体使用什么值需要根据样式声明方式的优先级来确定。样式声明方式优先级如表 4-11 所示。

表 4-11　样式声明方式优先级

样式声明方式	优先级（数值）	描述
浏览器缺省设置	1	低
外部样式表	2	↓
内部样式表	3	
内联样式	4	高

表 4-11 中为每种样式声明定义了一个优先级数值，数字 4 拥有最高的优先级，即内联样式优先级最高。浏览器会根据样式的优先级进行层叠，层叠出一个新的虚拟样式表呈现元素。

【例 4-13】用三种方式为<p>元素定义样式，查看文档的显示效果区分样式的优先级。

HTML 文件代码如下：

```
<html>
    <head>
        <meta charset="utf-8">
        <title>样式优先级</title>
        <!-- 外部样式 -->
        <link rel="stylesheet" type="text/css" href="exam4-13.css" />
        <style>
            /* 内部样式，优先级高于外部样式，同一个样式设置会覆盖外部样式设置 */
            p {
                color: red;
                font-style: italic;
                font-size: 8pt;
            }
        </style>
    </head>
```

```
    <body>
        <!-- 内联样式，优先级最高，同一个样式设置会覆盖外部和内部样式设置 -->
        <p style="font-size: 24pt">
            样式优先级测试
        </p>
    </body>
</html>
```

样式文件 exam4-13.css 代码如下：

```
/*外部样式设置，优先级最低*/
p {
    text-align:center;
    font-size: 16pt;
    font-style:unset;
}
```

文档运行效果如图 4-14 所示，以红色、24pt 号、斜体字、居中显示。

扫一扫 4-10，
例 4-13 运行效果

图 4-14   样式优先级

分析如下：

● 内联、内部样式表和外部样式表都定义了字号，内联样式优先级最高，层叠后元素的字号为 24pt；

● 内部样式表和外部样式表都定义了字体风格，内部样式表优先级高，层叠后元素的字体为 italic 斜体字；

● 仅内部样式表定义了字体颜色，所以元素的颜色为红色；

● 仅外部样式表定义了文本对齐方式，所以元素的文本居中对齐。

4.5.3   样式的三大特性

1. 继承性

继承性是指后代元素继承祖先元素的样式，遵循就近继承的原则，也即子元素继承父元素的样式，继承不到才进一步上溯继承祖先元素的样式。

合理使用继承可以有效重用代码，降低 CSS 样式的复杂性。文本相关的属性，如字体、字号、颜色、行距等都具有继承性，可以统一在<body>元素中设置，通过继承影响文档中的所有文本，使网页具有统一的风格。但是并不是所有的 CSS 属性都可以继承，有些属性如内边距、边框、外边距、元素尺寸等与块级元素相关的一些属性就不具有继承性，没法通过继承来统一设置。

【例 4-14】用样式的继承性为<p>元素和<h1>元素设置颜色显示属性，网页运行效果如图 4-15 所示。

扫一扫 4-11，
例 4-14 运行效果

图 4-15　样式的继承性

```html
<html>
    <head>
        <meta charset="utf-8">
        <title>样式的继承性</title>
        <style type="text/css">
            /*样式被 h1 和 p 元素所继承，所以 h1 和 p 元素也显示为红色*/
            body {
                color: #FF0000;
            }
        </style>
    </head>
    <body>
        <h1>中华人民共和国国旗</h1>
        <p>国旗介绍，见例 4-7 文字</p>
    </body>
</html>
```

【例 4-15】修改例 4-14，为<p>元素和<h1>元素增加父级和祖先元素，并设置颜色显示属性，运行程序查看网页效果。

```html
<html>
    <head>
        <meta charset="utf-8">
        <title>样式的就近继承</title>
        <style type="text/css">
            body {
                color: #F00;
            }
            #father {
                color: #0F0;
            }
            #grandfather {
                color: #00F;
            }
        </style>
    </head>
    <body>
```

```
        <div id="grandfather">
            <div id="father">
                <h1>中华人民共和国国旗</h1>
                <!-- p 元素继承 father 的样式，绿色显示 -->
                <p>国旗介绍，见例 4-7 文字</p>
            </div>
        </div>
    </body>
</html>
```

网页运行效果如图 4-16 所示，以直接父级定义的颜色绿色显示元素。

扫一扫 4-12，
例 4-15 运行效果

图 4-16   样式的就近继承

2. 特殊性

针对内部样式表和外部样式表，可以用不同的选择器匹配选择元素。这种情况下，样式优先级遵循 CSS 权重计算的原则，也即用一个 4 位的数字串（CSS2 中是 3 位数字串）按 4个级别表示样式的权重，值从左到右，左面的最大，一级大于一级，数位之间没有进制，级别之间不可超越。具体定义如表 4-12 所示。

表 4-12   样式权重计算表

选 择 器	样式权重值	优 先 级
标签（元素）选择器	0,0,0,1	低
类、伪类、伪元素选择器	0,0,1,0	
id 选择器	0,1,0,0	高

具有多个同一级选择器的元素可以累加计算权重，表 4-13 给出了一些具体的算例。

表 4-13   样式权重计算算例

选择器实例	权 重 值	优 先 级
div ul li	0,0,0,3	低
.nav ul li	0,0,1,2	
a:hover	0,0,1,1	
.nav a	0,0,1,1	
#nav p	0,1,0,1	高

【例 4-16】运行程序，查看网页效果，测试样式的特殊性。

```html
<html>
    <head>
        <meta charset="UTF-8">
        <title>特殊性</title>
        <style>
            /* 特殊性值为 0,0,0,3 优先级第三高 */
            body div p {
                font-style: italic
            }
            /* 特殊性值为 0,0,0,1 优先级最低 */
            p {
                font-style: normal
            }
            /* 特殊性值为 0,0,1,7 优先级第二高 */
            html>body table tr[id="totals"] td ul>li {
                color: red;
            }
            /* 特殊性值为 0,1,0,1 优先级最高 */
            li#answer {
                color: deepskyblue
            }
        </style>
    </head>
    <body>
        <div>
            <p>CSS 特殊性测试</p>
        </div>
        <table>
            <tr id="totals">
                <td>
                    <ul>
                        <li id=answer>特殊性测试</li>
                    </ul>
                </td>
            </tr>
        </table>
    </body>
</html>
```

网页运行效果如图 4-17 所示，<p>元素显示了特殊性值为"0,0,0,3"的样式斜体字，<li>元素显示了特殊性值为"0,1,0,1"的蓝色。

扫一扫 4-13，
例 4-16 运行效果

图 4-17　样式的特殊性

3. 层叠性

针对具有同样特殊性值的样式，浏览器使用层叠性原则处理样式的冲突。层叠性原则也可以称为就近原则，当具有相同权重值的样式存在时，浏览器根据样式出现的先后顺序决定元素的显示样式，处于后面的 CSS 样式将会覆盖前面的 CSS 样式。

【例 4-17】运行程序查看网页效果，测试样式的层叠性。

```html
<html>
    <head>
        <meta charset="UTF-8">
        <title>层叠性</title>
        <style>
            div {
                width: 200px;
                height: 100px;
                /* 设置背景色为绿色 */
                background-color: green;
            }
            /*层叠前面设置的绿色背景色，最终显示为红色背景*/
            div {
                /* 设置背景色为红色 */
                background-color: red;
            }
        </style>
    </head>
    <body>
        <div></div>
    </body>
</html>
```

网页运行效果如图 4-18 所示，<div>元素显示最后设置的红色。

图 4-18　样式的层叠性

4.5.4　元素样式优先级规则

浏览器会综合样式声明的优先级、样式的继承性和特殊性进行样式的层叠，确定元素的最终显示样式，遵循以下规则。

（1）继承样式的优先级最低，子元素定义的样式会层叠所有继承来的样式。

（2）!important 标记的样式具有最高的优先级，不管特殊性值如何以及样式位置的远近，!important 标记的样式具有最高的优先级。

（3）内联样式的优先级仅次于!important 标记的样式，也即在元素内用 style 属性设置的样式优先级高于内部样式表和外部样式表。

（4）内部样式表的优先级高于外部样式表。

（5）在同一个样式表内定义的样式基于特殊性值大小确定优先级。

如果用公式进行总结，元素显示样式的优先级公式如下：

（1）!important>内联样式>内部样式表>外部样式表。

（2）在同一个样式表中，id 选择器>类（包括类、伪类、伪元素、属性）选择器>元素选择器>通用选择器。

（3）在同一个样式表中，具有同样特殊性值的元素样式，后写的样式>先写的样式。

4.6　任务实施

1. 技术分析

- 使用元素选择器和伪类选择器选择表格、表头和表格页脚。
- 对选定的元素添加背景颜色属性。

2. 实施

工作任务 3 网页内容 HTML 代码不变，为其增加样式代码如下：

```
<style>
    /* 设置表格背景色 */
    table {
        background-color: #E6E6FA;
    }
    /* 设置标头背景色 */
    caption {
        background-color: #FAEBD7;
    }
    /* 用伪类选择表格最后一行也即表格页脚，设置其背景色 */
    tr:last-child {
        background-color: #FAEBD7;
    }
    /* 设置表格行高，增加显示的美观度 */
    tr {
        line-height: 30px;
    }
</style>
```

［本章小结］

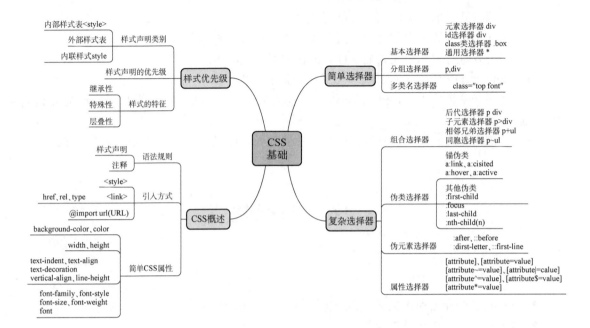

4.7　习题

1．CSS 的全称是什么？（　　　）

A．Computer Style Sheets
B．Cascading Style Sheets
C．Creative Style Sheets
D．Colorful Style Sheets

2．以下哪种写法可以正确引用外部样式表？（　　　）

A．<style src="mystyle.css">

B．<link rel="stylesheet" type="text/css" href="mystyle.css">

C．<stylesheet>mystyle.css</stylesheet>

D．@import src(URL)

3．在 HTML 文档中，以下哪个是正确引用外部样式表的位置？（　　　）

A．文档的末尾
B．文档的顶部
C．<body> 部分
D．<head> 部分

4．以下哪个 HTML 元素用于定义内部样式表？（　　　）

A．<style>　　　　　B．<script>　　　　C．<css>　　　　　D．<link>

5．以下哪个 HTML 属性用来定义内联样式？（　　　）

A．font　　　　　　B．class　　　　　　C．styles　　　　　D．style

6．以下哪个写法符合 CSS 语法格式？（　　　）

A．body:color=black
B．{body:color=black(body}

C．body {color: black;}　　　　　　　D．{body;color:black}

7．以下哪种写法可以在 CSS 文件中插入注释？（　　　）

A．// this is a comment　　　　　　　B．// this is a comment //

C．/* this is a comment */　　　　　　D．' this is a comment

8．以下哪个样式定义可以为所有的<h1>元素添加背景颜色？（　　　）

A．h1.all {background-color:#FFFFFF}

B．h1 {background-color:#FFFFFF}

C．all.h1 {background-color:#FFFFFF}

D．h1 {background-color=#FFFFFF}

9．以下哪个定义能够改变元素的文本颜色？（　　　）

A．text-color:　　　B．fgcolor:　　　C．color:　　　　D．text-color=

10．以下哪个属性可以设置字体的大小？（　　　）

A．font-size　　　　B．text-style　　　C．font-style　　　D．text-size

11．以下哪个样式定义可以使所有<p>元素变为粗体？（　　　）

A．<p style="font-size:bold">　　　　B．<p style="text-size:bold">

C．p {font-weight:bold}　　　　　　　D．p {text-size:bold}

12．以下哪个样式定义可以使超链接没有下划线？（　　　）

A．a {text-decoration:none}　　　　　B．a {text-decoration:no underline}

C．a {underline:none}　　　　　　　　D．a {decoration:no underline}

13．以下哪个定义能够改变元素的字体？（　　　）

A．font=　　　　　B．f:　　　　　　C．font-family:　　　D．font-weight:

14．以下哪个定义能够使文本变为粗体？（　　　）

A．font:b　　　　　　　　　　　　　　B．font-weight:bold

C．style:bold　　　　　　　　　　　　D．font-size:large

15．以下关于引入样式的优先级说法正确的是哪个？（　　　）

A．行内样式>!important>内部样式>外部样式>!important

B．!important>行内样式>内部样式表>外部样式表

C．!important>行内样式>内部样式表>外部样式表

D．以上都不正确

16．以下哪个属性能够设置段落首行缩进？（　　　）

A．text-transform　　　B．text-align　　　C．text-indent　　　D．text-decoration

17．以下哪条语句可以将类名以'c'开头的 div 元素文字设为红色？（　　　）

A．div[class=^c]{color:red}　　　　　B．div[class=$c]{color:red}

C．div[class=c]{color:red}　　　　　　D．div[class=*c]{color:red}

第 5 章

元素的样式属性

样式对元素的显示具有非常重要的作用，本章介绍元素样式的基础框模型、元素边框与阴影、图像背景属性和列表与表格元素的样式属性。

[**本章学习目标**]

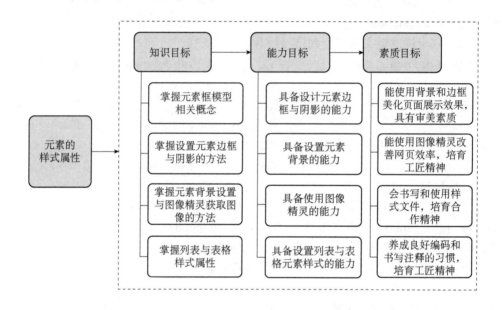

5.1 工作任务 5 设计用户注册页面样式

设计如图 5-1 所示的用户注册页面，样式要求如下：

（1）元素对齐，必填元素前面的星号为红色，选填元素前面的星号为蓝色。

（2）背景色线性渐变，边框有阴影。

（3）元素之间边距合适，显示美观。

扫一扫 5-1，
工作任务 5
运行效果

图 5-1　用户注册页面

5.2　元素框模型

5.2.1　框模型概述

在 HTML 文档布局中，元素被视为方框来计算其占用的位置尺寸，称为元素的 CSS "框模型"或"盒模型"。

CSS 框模型是一个包围 HTML 元素的框，如图 5-2 所示，包括元素的内容、内边距、边框和外边距。

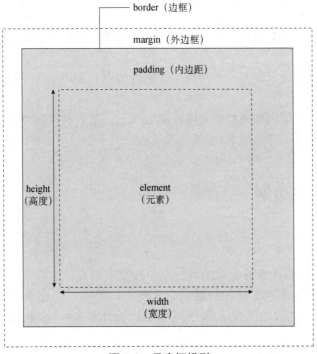

图 5-2　元素框模型

- 元素的内容是框的内容，是元素待显示的内容，可以是文本或图像。
- 内边距是元素内容与边框之间的透明区域。
- 边框将元素内容和内边距围绕起来，是内边距和外边距的分隔。
- 外边距是位于元素边框外面的透明区域，是元素之间的分隔。

内边距默认是透明的，会呈现元素的背景，外边距默认也是透明的，因此不会遮挡其后的任何元素。

5.2.2　元素占用页面位置计算

1．元素的宽度与高度

元素的宽度和高度是指元素内容的宽度和高度，分别用 width 和 height 属性设置。属性有 5 种取值。

- auto：默认取值，由浏览器根据需要计算元素内容的高度/宽度。
- length：以 px、cm 为单位的数值定义元素内容的高度/宽度。
- %：以元素包含块的百分比定义元素内容的高度/宽度。
- initial：将元素内容高度/宽度设置为默认值。
- inherit：从元素父级继承高度/宽度值。

2．元素框模型宽度与高度

元素框模型包括元素的内容、内边距、边框和外边距，其宽度与高度由这些组成部分的宽度和高度分别求和得到。

元素框模型宽度为元素宽度、左内边距、右内边距、左边框、右边框、左外边距、右外边距之和。

元素框模型高度为元素高度、上内边距、下内边距、上边框、下边框、上外边距、下外边距之和。

元素占用页面的位置由框模型的宽度和高度决定，宽度是框模型的宽度，高度需要综合考虑外边距合并的问题，详见第 5.2.4 节元素外边距中关于边距合并的计算。

5.2.3　元素内边距

1．内边距定义

CSS 使用 padding 属性设置元素的内边距，按照上、右、下、左的顺序分别设置各边的内边距，各边可以使用不同单位的数值或百分比值，也可以通过单独的属性分别设置上、右、下、左内边距，对应的属性名称分别为 padding-top、padding-right、padding-bottom、padding-left。

内边距属性取值及含义说明如下。

- length：以 px、cm 为单位的数值定义元素的内边距值。
- %：以元素包含块的百分比值定义元素的内边距。
- inherit：从父元素继承定义元素的内边距。

【例 5-1】编写代码用单独的属性分别定义<div>元素的 4 个内边距，分别为 50px、30px、30px、80px。

```
div {
  padding-top: 50px;
  padding-right: 30px;
  padding-bottom: 30px;
  padding-left: 80px;
}
```

【例 5-2】修改例 5-1，编写代码用 padding 属性定义<div>元素的 4 个内边距，大小同例 5-1。

按照上、右、下、左的顺序将 4 个内边距值写在 padding 属性里，属性值之间用空格进行分隔，代码如下：

```
div {
  padding: 50px 30px 30px 80px;
}
```

2. 边距简写

针对例 5-2，上下边距属性值一样的情况，CSS 提供了边距的一种简写方式，简写原则（也称为复制原则）如下：

- 如果 padding 属性只设置了一个值，则 4 个边距取值相同，都是这个值。
- 如果 padding 属性只设置了两个值，则下边距复制上边距的值，左边距复制右边距的值，也即第一个值定义上下边距的值，第二个值定义左右边距的值。
- 如果 padding 属性设置了 3 个值，则第一个值是上边距的值，第二个值是左右边距的值，也即左边距复制右边距的值，第三个值是下边距的值。

依据以上原则，例 5-2 中边距设置可以简写如下：

```
div {
  padding: 50px 30px 80px;
}
```

5.2.4　元素外边距

1. 外边距定义与简写

CSS 使用 margin 属性设置元素的外边距，与内边距一样，CSS 按照上、右、下、左的顺序分别设置各边的外边距，各边可以使用不同单位的数值或百分比值，也可以通过单独的属性分别设置上、右、下、左外边距，对应的属性名称分别为 margin-top、margin-right、 margin-bottom、margin-left。

外边距属性取值及含义说明如下。

- length：以 px、cm 为单位的数值定义元素的外边距值。
- %：以元素包含块的百分比值定义元素的外边距。
- inherit：从父元素继承定义元素的外边距。

外边距也可以简写，简写规则与内边距一样，鉴于篇幅，这里省略。

2. 合并外边距

两个垂直外边距相遇时，较小的外边距会被较大的外边距合并掉，只留下较大的外边距，称为外边距合并。合并后的效果如图 5-3 所示。

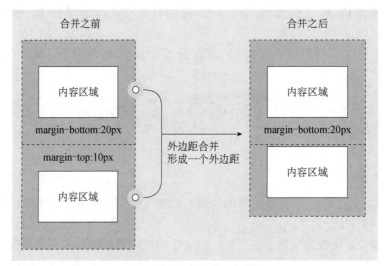

图 5-3　元素外边距合并

外边距合并对文字的显示效果具有重要意义，假设没有外边距合并，相邻两个段落之间的空间就是两个段落的边距之和，显然中间段落之间的空间会较第一个段落前面的空间大，也会较最后一个段落后面的空间大，就会显示一种奇怪的文字效果。

除了垂直相邻的两个元素会发生外边距合并外，包含元素之间也会发生外边距合并，空元素还会将自己的上外边距与下外边距合并，造成元素实际占用空间比设置小的效果，使用中这些情况都需要仔细分析和注意。

3. 水平居中对齐块元素

将 margin 属性值设置为 auto 可以使块元素（块元素是独占一行且能够设置大小的元素，详细定义参见 6.2 节）水平居中对齐，需要设置块元素的宽度属性，且宽度值不能为 100%。

【例 5-3】编写代码使<div>元素居中对齐，页面运行效果如图 5-4 所示。

```
<html>
    <head>
        <meta charset="utf-8" />
```

```
        <title>元素居中</title>
        <style>
            div {
                margin: auto;
                /*宽度必须设置，且不能是 100%*/
                width: 50%;
                background-color: aqua;
                padding: 20px;
            }
        </style>
    </head>
    <body>
        <div></div>
    </body>
</html>
```

图 5-4　元素居中

思考：该例中并没有设置<div>元素的高度，但是显示了一个盒子，为什么？盒子的高度值是多少？

 从元素的边距计算角度进行思考，元素框模型是网页布局非常重要的内容，在网页布局设计中必须要详细计算。

5.3　元素边框与阴影

5.3.1　元素边框

边框（border）是指围绕元素内容和内边距的一条或多条线，允许定义边框的线型、线宽、颜色，以及圆角和透明边框。

1. 边框线型

CSS 用 border-style 属性定义边框的线型，取值及含义如表 5-1 所示。

表 5-1　border-style 属性

属　性　值	描　述
dotted	定义点线边框，在大多数浏览器中呈现为实线

续表

属 性 值	描 述
dashed	定义虚线边框，在大多数浏览器中呈现为实线
solid	定义实线边框
double	定义双线边框
groove	定义 3D 坡口边框，效果取决于 border-color 值
ridge	定义 3D 脊线边框，效果取决于 border-color 值
inset	定义 3D inset 边框，效果取决于 border-color 值
outset	定义 3D outset 边框，效果取决于 border-color 值
none	定义无边框
hidden	定义隐藏边框

与内外边距一样，可以用 4 个值按照上、右、下、左的顺序分别设置各边的边框，遵循上下/左右复制的原则，也可以分别用 border-top-style、border-right-style、border-bottom-style、border-left-style 属性定义单边边框的线型。

2．边框宽度

CSS 用 border-width 属性设置边框宽度，有两种指定宽度方法，一种是以特定大小值（单位为 px、pt、cm、em）设置边框宽度，另外一种是以预定值设置边框宽度，有 3 个预定值，分别是 thin、medium（默认值）和 thick。

与内外边距一样，可以用 4 个值按照上、右、下、左的顺序分别设置各边的边框宽度，遵循上下/左右复制的原则。

3．边框颜色

CSS 用 border-color 属性设置边框颜色，有以下取值方法。
- name：指定颜色名，如"red"表示红色；
- HEX：指定十六进制颜色值，如"#ff0000"表示红色；
- RGB：指定 RGB 颜色值，如"rgb(255,0,0)"表示红色；
- HSL：指定 HSL 颜色值，比如"hsl(0,100%,50%)"表示红色。

还可以将 border-color 属性值设置为 transparent，表示透明边框，透明边框是某些浏览器边框的默认颜色值，与无边框不同，透明边框占有边框宽度。

【例 5-4】为段落元素设置透明边框，页面运行效果如图 5-5 所示，鼠标悬停显示边框。

扫一扫 5-2，
例 5-4 运行效果

（a）初始透明边框

（b）鼠标悬停白色边框

图 5-5　透明边框

```
<html>
    <head>
        <meta charset="utf-8" />
        <title>透明边框</title>
        <style>
            *{
                padding: 5px;
            }
            body {
                background-color: #666666;
            }
            /* 去掉a元素修饰下划线,白色字体 */
            a {
                text-decoration: none;
                color: white;
            }
            /* 激活与访问后边框透明, 不显示 */
            a:link,a:visited {
                border-style: solid;
                border-width: 2px;
                border-color: transparent;
            }
            /* 鼠标悬停显示白色边框*/
            a:hover {
                border-color: white;
            }
        </style>
    </head>
    <body>
        <a href="">首页</a>
        <a href="">PHP</a>
        <a href="">MySQL</a>
        <a href="">Laravel</a>
    </body>
</html>
```

与内外边距一样，也可以用 4 个值按照上、右、下、左的顺序分别设置各边的边框颜色，遵循上下/左右复制的原则。

4. 边框属性简写

CSS 用 border 属性按照宽度、线型、颜色的顺序简写边框的样式，允许仅设置部分属性，其余属性使用默认值。例如，定义一个宽度为 1 个像素，颜色为#BFBFBF 的实线线型边框的代码如下：

```
border: 1px solid #BFBFBF;
```

以上代码等价于以下代码：

```
border-width: 1px;
border-style: solid;
```

```
border-color: #BFBFBF;
```

也可以不设置边框的颜色，默认黑色，代码如下：

```
border: 1px solid;
```

【例 5-5】使用边框属性为图像绘制边框，使图像显示更为美观，显示效果如图 5-6 所示。

图 5-6   图像边框

```
<html>
    <head>
        <meta charset="UTF-8">
        <title>带边框的图像</title>
        <style>
            body {
                background-color: #E9E9E9;
            }
            div.polaroid {
                /* 与图像宽度一样 */
                width: 284px;
                /* 上右下左内边距分别为 10px 10px 15px 10px */
                padding: 10px 10px 15px 10px;
                /* 边框宽度 1px,实线,颜色灰色 */
                border: 1px solid #BFBFBF;
                background-color: white;
                /* 元素居中对齐 */
                margin: 30px auto;
            }
        </style>
    </head>
    <body>
        <div class="polaroid">
            <img src="img/不忘初心.jpg" width="284" height="213" />
            <p>不忘初心，牢记使命，为中华民族伟大复兴而奋斗！</p>
        </div>
    </body>
</html>
```

5.3.2　圆角边框

1. 圆角边框

CSS 用 border-radius 属性定义圆角边框，值为圆角的半径，有两种取值方法，说明如下：

- 单位为 px、pt、cm、em 等的数值；
- 百分比值，与对应的边框值相关。

4 个角可以取不同的值，按照左上、右上、右下、左下的顺序依次设置。省略属性值时，按照右下复制左上，左下复制右上的原则进行属性值复制。

也可以用 border-top-left-radius、border-top-right-radius、border-bottom-right-radius、border-bottom-left-radius 4 个属性分别设置四个角的圆角边框值。

使用圆角边框可以绘制许多有趣的形状。

【例 5-6】使用圆角边框绘制如图 5-7 所示的 2 个形状。

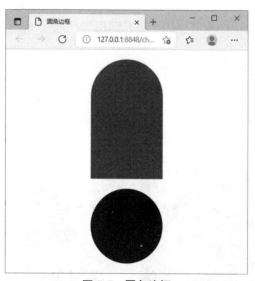

图 5-7　圆角边框

```html
<html>
    <head>
        <meta charset="UTF-8">
        <title>圆角边框</title>
        <style>
            #heart {
                width: 150px;
                height: 240px;
                background-color: red;
                /* 左上,右上圆角显示 */
                border-radius: 150px 150px 0 0;
            }
            #circle {
                width: 150px;
```

```
            height: 150px;
            background-color: blue;
            /* 四个角全部圆角 */
            border-radius: 150px;
        }
        #heart,#circle {
            /* 元素居中对齐 */
            margin: 20px auto;
        }
    </style>
</head>
<body>
    <div id="heart"></div>
    <div id="circle"></div>
</body>
</html>
```

2. 圆角图像

为<div>元素设置圆角边框能够生成一些几何图形，为<img>图像元素设置圆角边框能够生成圆角图像。

【例 5-7】为图像元素添加圆角边框，生成具有圆角效果的图像，运行结果如图 5-8 所示。左边是没有处理的图像，右边是加了圆角边框的图像。

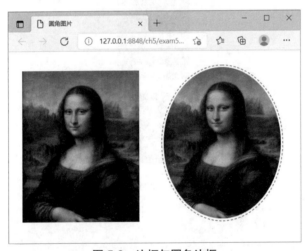

图 5-8　边框与圆角边框

```
<html>
    <head>
        <meta charset="utf-8">
        <title>圆角图像</title>
        <style>
            #img{
                /* 设置 3px 内边距 */
                padding: 3px;
                /* 边框宽度 2px,深咖啡色,点线 */
```

```
            border: 2px darkgoldenrod dashed;
            /* 圆角边框 */
            border-radius: 50%;
        }
        img{
            margin: 20px;
        }
    </style>
</head>
<body>
    <img src="img/蒙娜丽莎.jpg">
    <img src="img/蒙娜丽莎.jpg" id="img">
</body>
</html>
```

5.3.3　元素阴影

CSS 使用 box-shadow 属性设置元素的阴影效果，其语法格式如下：

```
box-shadow: h-shadow v-shadow blur spread color inset;
```

属性取值之间用空格进行分隔，取值含义说明如表 5-2 所示。

表 5-2　元素阴影属性

属　性　值	描　述
h-shadow	必需，水平阴影的位置，允许负值
v-shadow	必需，垂直阴影的位置，允许负值
blur	可选，阴影的模糊距离
spread	可选，阴影的尺寸
color	可选，阴影的颜色，取 CSS 颜色值
inset	可选，将默认外部阴影（outset）改为内部阴影

还可以对元素框设置阴影列表，列表之间用逗号进行分隔，每个阴影由 2～4 个长度
值、可选的颜色值以及可选的 inset 关键词来规定，长度省略取值为 0。

【例 5-8】编写代码为<div>元素设置阴影效果，运行结果如图 5-9 所示。

图 5-9　方框阴影

```
<html>
    <head>
        <meta charset="UTF-8">
```

```
    <title></title>
    <style>
        div {
            width: 400px;
            height: 200px;
            background-color: orange;
            /* 水平阴影10px,垂直阴影10px,模糊距离5px,颜色灰色 */
            box-shadow: 10px 10px 5px #888888;
        }
    </style>
</head>
<body>
    <div></div>
</body>
</html>
```

【例 5-9】完善例 5-5，编写代码为<div>元素设置阴影效果，进一步美化图像显示，运行结果如图 5-10 所示。

在<div>元素中补充阴影代码如下：

```
/* 水平阴影5px,垂直阴影5px,模糊距离3px,颜色灰色 */
box-shadow: 5px 5px 3px #888888;
```

扫一扫 5-3，
例 5-9 运行效果

图 5-10 带边框和方框阴影的图像

5.3.4 文本阴影

CSS 使用 text-shadow 属性对文本设置阴影效果，基本设置语法如下：

```
text-shadow: h-shadow v-shadow blur color;
```

属性取值之间用空格进行分隔，取值含义说明如表 5-3 所示。

表 5-3　文本阴影属性

属　性　值	描　　述
h-shadow	必需，水平阴影的位置，允许负值
v-shadow	必需，垂直阴影的位置，允许负值
blur	可选，阴影的模糊距离
color	可选，阴影的颜色，取 CSS 颜色值

可以为文本设置阴影列表，列表之间用逗号进行分隔，每个阴影有两个或三个长度值和一个可选的颜色值，长度省略取值为 0。

5.4　图像背景

5.4.1　背景属性

CSS 背景属性用于定义元素的背景效果，背景作用于由元素内容、元素内边距、边框所组成的区域。

1. 颜色背景

颜色背景是最简单基础的背景，在 4.2.3 节中介绍过，在介绍图像背景前进一步加以说明。CSS 用 background-color 属性定义元素的背景颜色，属性有以下 3 种取值方式：

- 有效的颜色名称如"Red"定义红色背景；
- 十六进制值颜色值如"#FF0000"定义红色背景；
- RGB 颜色值，如"rgb(255,0,0)" 定义红色背景。

使用颜色背景时可以用 opacity 属性指定背景颜色的不透明度/透明度，取值范围为 0.0～1.0，值越低，越透明，颜色越浅，如为绿色设置不同的不透明度值，效果如图 5-11 所示，值为 0.1 的不透明度最小，颜色最浅。

扫一扫 5-4，
不透明度效果

| opacity 1 | opacity 0.6 | opacity 0.3 | opacity 0.1 |

图 5-11　不透明度效果

2. 图像背景

CSS 用 background-image 属性定义元素的图像背景，语法格式如下：

```
background-image:url(URL);
```

参数 URL 用于规定图像的路径。

3. 背景重复

默认情况下，背景图像在水平和垂直两个方向上进行重复，以填满整个背景区域。但是，背景图像有时候并不需要重复，或者仅需要在一个方向上重复，就需要使用 CSS 的 background-repeat 属性来定义图像背景的重复方式，属性取值及其说明如下。

- repeat：默认值，背景图像在垂直方向和水平方向重复；
- repeat-x：背景图像在水平方向重复；
- repeat-y：背景图像在垂直方向重复；
- no-repeat：背景图像不重复，仅显示一次。

4. 背景尺寸

CSS 用 background-size 属性定义背景图像的尺寸，语法格式如下：

```
background-size: length|percentage|cover|contain;
```

取值说明如下。

- length：设置背景图像的高度和宽度，第一个值用于设置宽度，第二个值用于设置高度。如果只设置一个值，则第二个值会被设置为"auto"，保持背景图像的原始高度值；
- percentage：以父元素的百分比来设置背景图像的宽度和高度，设置顺序同 length；
- cover：按比例扩展背景图像，使其能够完全覆盖背景区域，不考虑背景图像的裁剪；
- contain：按比例扩展背景图像，在某一方向使其达到适应内容区域的最大尺寸，与 cover 属性不同，另一方向有可能不能覆盖背景区域。

5. 背景属性简写

CSS 允许用 background 属性在一个声明中设置所有的背景属性，允许仅设置部分属性值，对属性值的设置顺序没有特别的要求，习惯上先设置颜色属性值，然后设置图像属性值、背景重复等情况。

【例 5-10】为网页设置图像背景，使背景为指定宽度，显示在网页的左侧，运行结果如图 5-12 所示。

图 5-12　背景设置

```
<html>
    <head>
        <meta charset="UTF-8">
        <title>背景设置</title>
        <style>
            body {
                /* 设置背景为图像,Y 轴方向重复 */
                background: url(img/y_bg.png) repeat-y;
                /* 设置背景宽度为160px */
                background-size:160px;
            }
        </style>
    </head>
    <body>
    </body>
</html>
```

5.4.2 图像精灵

1. 图像精灵概念

网页每次加载图像需要访问服务器,加载多张图像就要多次请求服务器,降低了网页访问的效率。如果多张图像都不是很大,就可以将其组合在一起,生成一个图像的集合,一次性加载到网页中,显示时根据需要对图像区域进行筛选,减少网页请求服务器的次数,提高网页加载效率。

由若干张小图像组合在一起生成的图像的集合称为图像精灵。使用图像精灵能够提高网页的访问效率,但是需要计算图像的像素,而且需要用 Photoshop 技术将多张图像合并到一张图像中,会带来额外的工作量。此外,由于图像精灵基于图像的像素,在自适应网页设计中也会带来一些布局上的困惑,因此,应根据需要谨慎使用。

2. 背景位置取值

背景默认铺在元素边框内,以元素左上角内边距为起点开始填充元素的内边距和内容空间。CSS 还可以设置背景的起点位置,使用 background-position 属性进行设置,设置后背景将从指定的起点位置开始填充元素,落在元素边框和边框之外的背景将会被剪切掉不显示。background-position 属性取值及含义如表 5-4 所示。

表 5-4　background-position 属性

属 性 值	描 述
第一个是 x 坐标值,可以取 top、center、bottom,第二个是 y 坐标值,可以取 left、center、right	关键词值,如果只规定了一个关键词,那么第二个值将是"center"。默认值为 0% 0%

续表

属 性 值	描 述
x% y%	百分比值，第一个值规定水平位置，第二个值规定垂直位置。左上角是 0% 0%，右下角是 100% 100%。如果只规定了一个值，另一个值将是 50%
xpos ypos	第一个值是水平位置，第二个值是垂直位置。左上角是 0 0，单位是像素（0px 0px）或任何其他的 CSS 单位。如果只规定了一个值，另一个值将是 50%。可以混合使用 % 和 position 值

background-position 属性取值正负不限，正值表示背景起点从元素内边距左上角开始向内偏移的距离，负值表示背景起点从元素内边距左上角开始向外偏移的距离。

【例 5-11】为元素设置图像背景，背景不允许重复，背景的起点位置不同，元素将显示不同的背景效果，运行结果如图 5-13 所示。

扫一扫 5-5，
例 5-11 运行效果

图 5-13　不同起点的背景

```html
<html>
    <head>
        <title>背景起点</title>
        <style>
            div {
                /* 设置边框宽度为 1px,颜色灰色,实线 */
                border: darkgray 1px solid;
                width: 136px;
                height: 90px;
                /* 设置所有外边距为 15px */
                margin: 15px;
            }
            #box1 {
```

```
            /* 设置不重复背景图像 */
            background: url('img/navsprites_hover.gif') no-repeat;
        }
        #box2 {
            /* 设置不重复背景图像，背景起点为 45px，45px，起点向右向下移 */
            background: url('img/navsprites_hover.gif') 45px 45px no-repeat;
        }
        #box3 {
            /* 设置不重复背景图像，背景起点为-45px，-45px，起点向左向上移 */
            background: url('img/navsprites_hover.gif') -45px -45px no-repeat;
        }
    </style>
    </head>
    <body>
        <ul>
            <li><div id="box1"></div>盒子 1，完整背景，起点为默认值 0</li>
            <li><div id="box2"></div>盒子 2，背景起点为 45px，45px</li>
            <li><div id="box3"></div>盒子 3，背景起点为-45px，-45px</li>
        </ul>
    </body>
</html>
```

由程序运行结果可见，盒子 2 的背景起点设置为正值，背景向右和下移动，背景右下角被裁剪不显示了。盒子 3 的背景起点设置为负值，背景向左和上移动，背景左上角被裁剪不显示了。

3. 获取图像精灵区域

由例 5-11 可见，可以通过设置元素的大小来确定图像精灵的显示大小，通过设置背景的起点确定图像精灵的显示起点，二者结合能够在元素中仅显示图像精灵指定区域的图像，实现图像精灵区域的筛选，完成本节开始提出的将多张小图像放在一张大图中根据需要查找的需求。

【例 5-12】使用背景定位技术筛选图像精灵的区域，将图像精灵中的图像区域根据需要显示在不同的位置，程序运行结果如图 5-14 所示。

图 5-14　图像精灵

```
<html>
    <head>
        <title>图像精灵</title>
        <style>
```

```
        img {
            /* 设置元素大小与单个小图像大小一样 */
            height: 43px;
            width: 43px;
        }
        #home {
            /* 背景图像起点为 0,0,显示第 1 张小图 */
            background: url('img/navsprites.gif') 0 0;
        }
        #prev {
            /* 背景图像起点为-47,0, 左移 47px,显示第 2 张小图 */
            background: url('img/navsprites.gif') -47px 0;
        }
        #next {
            /* 背景图像起点为-91,0, 左移 91px,显示第 3 张小图 */
            background: url('img/navsprites.gif') -91px 0;
        }
    </style>
</head>
<body>
    <img id="home">回到首页<br>
    <img id="prev">
    <img id="next" align="right">
</body>
</html>
```

【例 5-13】用图像精灵实现鼠标悬停不同的显示效果，程序运行结果如图 5-15 所示。

（a）初始显示浅色图像

（b）鼠标悬停显示深色图像

扫一扫 5-6,
例 5-13 运行效果

图 5-15　图像精灵实现的鼠标悬停

```
<html>
    <head>
        <title>图像精灵实现鼠标悬停效果</title>
        <style>
        <style>
            div {
                /* 设置元素大小与单个小图像大小一样 */
                height: 44px;
                width: 43px;
                /* 背景图像起点为 0,0,显示第 1 张小图 */
                background: url('img/navsprites_hover.gif') 0 0;
            }
            div:hover {
                /* 鼠标悬停背景图像起点为 0,-45,显示第 2 行第 1 张小图 */
```

```
                background: url('img/navsprites_hover.gif') 0 -45px;
            }
        </style>
    </head>
    <body>
        <div></div>
    </body>
</html>
```

5.4.3　渐变背景

渐变能够实现在两个或多个指定颜色之间的平滑过渡显示，在背景设置中具有非常好的显示效果，将 background-image 属性设置为渐变函数能够实现背景颜色的线性渐变。

1. 预定方向渐变

颜色可以沿着预定的方向线性地发生变化。如图 5-16 所示，从上到下，颜色由红色逐步变化到黄色就是一种预定方向的线性渐变。方向还可以从左到右、沿对角方向等，设置元素预定方向渐变背景的语法格式如下：

```
background-image: linear-gradient(direction, color-stop1, color-stop2, ...);
```

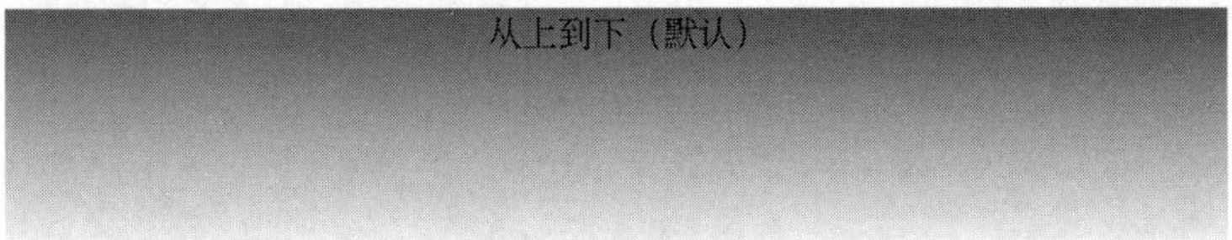

图 5-16　线性渐变

参数 direction 规定渐变的方向，取值及说明如下。

- to bottom：从上向下渐变，默认值；
- to top：从下向上渐变；
- to left：从右向左渐变；
- to right：从左向右渐变；
- to bottom right：从左上向右下对角线方向渐变。

参数 color-stop1，color-stop2, …是颜色节点，可以定义多个颜色节点，会依次逐步过渡到指定的颜色。

【例 5-14】编写代码实现如图 5-16 所示的效果。

```
<html>
    <head>
        <meta charset="utf-8">
        <title>线性渐变</title>
        <style>
            div {
                /* 元素宽度 100%,高度 100px */
```

```
                width: 100%;
                height: 100px;
                /* 背景色线性渐变,从上到下由红色变为黄色 */
                background-image: linear-gradient(to bottom, red, yellow);
                /* 文字居中对齐,白色 */
                text-align: center;
                color: white;
            }
        </style>
    </head>
    <body>
        <div>从上到下 () </div>
    </body>
</html>
```

如果颜色从左到右线性渐变,对应渐变代码修改如下:

```
background-image: linear-gradient(to right, red , yellow);
```

如果颜色从左上角到右下角线性渐变,对应渐变代码修改如下:

```
background-image: linear-gradient(to bottom right, red, yellow);
```

还可以实现彩虹颜色的渐变效果,代码如下:

```
background-image: linear-gradient(to right, red, orange, yellow, green,
blue, indigo, violet);
```

【例 5-15】为页面内容设置渐变背景,显示效果如图 5-17 所示。

扫一扫 5-7,
例 5-15 运行效果

图 5-17　背景设置

```
<html>
    <head>
        <meta charset="UTF-8">
        <title>Web 技术社区</title>
        <style type="text/css">
            body {
                margin: 0;
            }
```

```
        a {
            /* 去掉下划线文本修饰,白色显示 */
            text-decoration: none;
            color: white;
        }

        #head {
            /* 内边距 20px, 外边距为 0 */
            padding: 20px;
            margin: 0px;
            /* 宽 100%,高 25px */
            width: 100%;
            height: 25px;
            /* 背景色黑色 */
            background-color: black;
        }

        .brand {
            /* 设置宽度为 1px 的白色实线边框 */
            border: 1px solid white;
            /* 内边距 5px,外边距 5px */
            padding: 5px;
            margin: 5px;
        }

        #introduction {
            /* 背景色线性渐变,从上到下由深灰色变为白色 */
            background: linear-gradient(to bottom,  #212529, white);
            width: 100%;
            height: 200px;
        }
        #content {
            /* 设置颜色为白色,透明度 0.9 */
            color: rgba(255, 255, 255, 0.9);
            padding: 15px;
            /* 文本居中对齐 */
            text-align: center;
        }
    </style>
</head>
<body>
    <div id="head">
        <a class="brand" href="#">Web 技术社区 20001</a>
        <a href="#">首页</a>
        <a href="#">PHP</a>
        <a href="#">MySQL</a>
        <a href="#">Laravel</a>
    </div>
    <div id="introduction">
        <div id="content">
            <h2>欢迎来到 Web 技术社区</h2>
```

```
                    <p>本站包括 Bootstrap、PHP、MySQL、Laravel 等 Web 技术教程</p>
                </div>
            </div>
        </body>
    </html>
```

2. 基于角度的渐变

预定义方向的渐变是基于特殊角度值的背景颜色渐变，向上（to top）线性渐变对应于 0deg；向右（to right）线性渐变对应于 90deg；向下（to bottom）线性渐变对应于 180deg。如果希望对渐变角度做更多的控制，可以用角度取代预定义的方向定义线性渐变。

用角度定义线性渐变方向的语法格式如下：

```
background-image: linear-gradient(angle,
color-stop1, color-stop2);
```

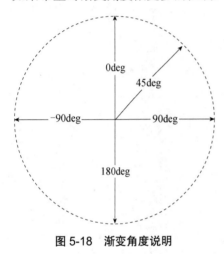

图 5-18 渐变角度说明

参数 angle 用于定义渐变方向的角度，是 y 轴和渐变线之间的角度，如图 5-18 所示，0deg 创建一个从下到上的渐变，90deg 将创建一个从左到右的渐变。

参数 color-stop1，color-stop2，… 含义同预定义方向渐变，定义颜色的节点。

将例 5-14 中的渐变代码修改为基于角度的渐变代码，具体如下：

```
background-image: linear-gradient(180deg,
red, yellow);
```

5.5 列表与表格属性

5.5.1 列表属性

针对 HTML 元素的无序列表和有序列表，CSS 定义了列表属性对其设置样式。

1. 列表项标志类型

CSS 使用 list-style-type 属性设置列表项的标志类型。其属性取值及其含义如表 5-5 所示。

表 5-5 list-style-type 属性取值及其含义

属 性 值	描　　述
none	无标志
disc	默认值，标志是实心圆

续表

属　性　值	描　　述
circle	标志是空心圆
square	标志是实心方块
decimal	标志是数字
lower-roman	小写罗马数字(i, ii, iii, iv, v 等)
upper-roman	大写罗马数字(I, II, III, IV, V 等)
lower-alpha	小写英文字母 the marker is lower-alpha (a, b, c, d, e 等)
upper-alpha	大写英文字母 the marker is upper-alpha (A, B, C, D, E 等)

【例 5-16】用列表项和<a>元素设计一个左侧导航菜单，运行结果如图 5-19 所示。

图 5-19　导航菜单

```
<html>
    <head>
        <meta charset="utf-8">
        <title>左侧导航设计</title>
        <style>
            * {
                margin: 2px;
                padding: 0;
            }
            .sidemenu {
                /* 设置菜单宽度 35% */
                width: 35%;
            }
            li {
                /* 去掉列表修饰，不显示默认项目符号 */
                list-style-type: none;
            }
            a {
                /* 设置下外边距 4px,内边距 4px */
                margin-bottom: 4px;
                padding: 8px;
                /* 将元素转化为块级元素 */
                display: block;
                /* 设置背景色 */
                background-color: #eee;
```

```
            /* 去掉元素修饰，不显示默认下划线 */
            text-decoration: none;
        }

        a:hover {
            /* 鼠标悬停修改背景色和前景色 */
            background-color: #008CBA;
            color: white;
        }
    </style>
</head>
<body>
    <div class="sidemenu">
        <ul>
            <li><a href="">The Food</a></li>
            <li><a href="">The People</a></li>
            <li><a href="">The History</a></li>
            <li><a href="">The Oceans</a></li>
        </ul>
    </div>
</body>
</html>
```

2. 列表项图像标志

CSS 使用 list-style-image 属性设置列表项的标志图像，语法格式如下：

```
selecter{list-style-image : url(URL);}
```

参数 URL 用于规定图像的路径。

3. 列表项标志位置

CSS 使用 list-style-position 属性设置列表项标志相对于列表项内容的位置。其属性取值及其含义如表 5-6 所示。

表 5-6　list-style-position 属性取值及其含义

属　性　值	描　述
inside	列表项标志放置在文本以内，且环绕文本根据标志对齐
outside	默认值。保持标志位于文本的左侧。列表项标志放置在文本以外，且环绕文本不根据标志对齐
inherit	规定应该从父元素继承 list-style-position 属性的值

4. 列表项标志简写

CSS 使用 list-style 属性按照 list-style-type、list-style-position、list-style-image 的顺序在一个声明中设置所有的列表项属性。

5.5.2　表格属性

CSS 还可以通过属性为表格设置样式，相关属性及其说明如表 5-7 所示。

表 5-7　表格属性及其说明

属　性　名	属性说明
border-collapse	设置是否把表格边框合并为单一的边框，取值及含义说明如下。 ● separate：默认值。边框会被分开。不会忽略 border-spacing 和 empty-cells 属性 ● collapse：边框可能会合并为一个单一边框。忽略 border-spacing 和 empty-cells 属性
border-spacing	设置分隔单元格边框的距离。取值格式：length length，规定相邻单元的边框之间的距离。使用 px、cm 等单位，不允许使用负值。如果定义两个 length 参数，那么第一个参数用于设置水平间距，而第二个参数用于设置垂直间距。如果只定义一个 length 参数，参数会被复制，水平和垂直间距都是这个值
caption-side	设置表格标题的位置，取值及含义说明如下。 ● top：默认值，把表格标题定位在表格之上 ● bottom：把表格标题定位在表格之下
empty-cells	设置是否显示表格中的空单元格和隐藏表格中空单元格上的边框和背景，取值及含义说明如下。 ● hide：不在空单元格周围绘制边框 ● show：在空单元格周围绘制边框，默认值
table-layout	设置显示单元格、行和列的算法，取值及含义说明如下。 ● automatic：默认值，列宽度由单元格内容设定 ● fixed：列宽由表格宽度和列宽度设定

5.6　任务实施

1．技术分析

本章任务是训练基于选择器的元素选择和元素样式设计，涉及的主要技术点如下：
● 使用元素选择器为\<li\>元素统一设置样式；
● 使用 id 选择器为选填元素星号标记设置不同的样式；
● 通过内外边距设置元素之间的位置与对齐；
● 设置元素的边框和渐变背景。

2．实施

（1）编写 HTML 代码实现网页内容。

```
<html>
   <head>
      <meta charset="utf-8" />
```

```
        <title></title>
        <link type="text/css" rel="stylesheet" href="css/style.css" />
    </head>
    <body>
        <div class="box">
            <form>
                <h2>注册</h2>
                <ul>
                    <li><span>*</span><label>用户名：</label>
                        <input type="text" placeholder="6-20 个字母"></li>
                    <li><span id="span1">*</span><label>电子邮箱：</label>
                        <input type="email" placeholder="6-20 个字母"></li>
                    <li><span>*</span><label>密码：</label>
                        <input type="password" placeholder="6-20 个字母"></li>
                    <li><span>*</span><label>确认密码：</label>
                        <input type="password" placeholder="6-20 个母"></li>
                </ul>
                <button name="submit">提交</button>
            </form>
        </div>
    </body>
</html>
```

（2）将样式代码放在单独的样式文件 style.css 中，编写代码实现网页样式。

```
* {
    margin: 0;
    padding: 0;
}
.box {
    width: 500px;
    /* 设置盒子边框宽度为 1px,实线,灰色 */
    border: 1px solid #ddd;
    /* 设置盒子边框阴影模糊距离 10px,颜色灰色 */
    box-shadow: 0 0 10px #bbb;
    /* 设置内边距上右下左 30px,40px,30px,40px, 外边距 30px */
    margin: 30px;
    padding: 30px 40px;
    /* 设置盒子尺寸为包含边框的盒子 */
    box-sizing: border-box;
    /* 设置盒子背景色线性渐变,从上到下由白色到灰色 */
    background-image: linear-gradient(to bottom, white, #A9A9A9);
}
ul {
    /* 去掉列表修饰,不显示项目符号 */
    list-style: none;
    padding: 0px;
    margin: 0px;
}
h2 {
    /* 标题居中对齐 */
```

```
        text-align: center;
}
span {
        /* 红色字体,右外边距为10px */
        color: red;
        margin-right: 10px;
}
#span1 {
        /* 层叠 span 样式，使选填信息蓝色标记 */
        color: blue;
}
/* 后代选择器 */
ul li {
        /* 设置文本高度与行高一样,使文字垂直居中 */
        height: 40px;
        line-height: 40px;
        /* 设置下外边距 15px */
        margin: 15px 0;
}
label {
        /* 将行内元素转换为行内块元素,设置宽度为100px */
        display: inline-block;
        width: 100px;
}
input {
        /* 设置宽度为290px */
        width: 290px;
        height: 30px;
}
/* 相邻兄弟选择器，设置按钮样式*/
ul+button {
        /* 设置按钮大小 */
        width: 100%;
        height: 40px;
        background-color: cadetblue;
        color: white;
        /* 去掉按钮边框显示 */
        border: none;
}
```

［本章小结］

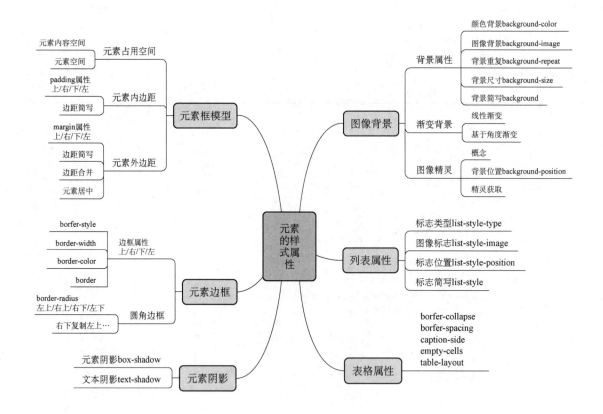

5.7　习题与项目实战

1．以下哪个 HTML 元素定义可以为网页添加背景颜色？（　　　）

A．\<body color="yellow"\>

B．\<background\>yellow\</background\>

C．\<body bgcolor="yellow"\>

D．\< body background-color: yellow\>

2．以下哪个 HTML 元素定义可以为网页插入背景图像？（　　　）

A．\<body background="background.gif"\>

B．\<background img="background.gif"\>

C．\<img src="background.gif" background\>

D．\<body bground="background.gif"\>

3．在 CSS 样式中，以下哪个属性可以用于改变背景的颜色？（　　　）

A．bgcolor: B．background-color:

C．color: D．background

4．以下哪种定义可以使元素的边框宽度分别为：上边框 10 像素、下边框 5 像素、左边框 20 像素、右边框 1 像素？（　　）

A．border-width:10px 5px 20px 1px　　　　B．border-width:10px 20px 5px 1px

C．border-width:5px 20px 10px 1px　　　　D．border-width:10px 1px 5px 20px

5．以下哪个属性可以定义元素的左边距？（　　）

A．text-indent:　　　B．indent:　　　C．margin:　　　D．margin-left:

6．以下关于边距的说法中哪个正确？（　　）

A．padding 属性定义元素内容与边框间的空间

B．padding 属性可以使用使用负值

C．padding 属性值不能是 3 个值，只能是 1 个、2 个或 4 个

D．padding 属性不可以使用使用负值

7．以下哪种定义可以使列表带有正方形项目符号？（　　）

A．list-type: square　　　　　　　　B．type: solid

C．type: square　　　　　　　　　　D．list-style-type: square

8．以下关于 box-shadow 属性的说明中哪个正确？（　　）

A．只能设置文字阴影　　　　　　　B．第一个值是设置水平距离的

C．第二个值是设置水平距离的　　　D．第三个值是设置投影颜色的

9．以下哪个属性可以将盒子设置为圆角？（　　）

A．box-sizing　　　B．box-shadow　　　C．border-radius　　　D．border

10．使用圆角边框绘制如图 5-20 所示图形。

图 5-20　圆角边框绘制形状

扫一扫 5-8，
作业 5-10
参考代码

第 6 章

CSS3 定位

定位能够为网页设置很多特殊的效果，如固定在网页某个位置的菜单、跟随主菜单的子菜单等。本章介绍元素的显示与定位属性，包括基本定位介绍和定位应用。

［ **本章学习目标** ］

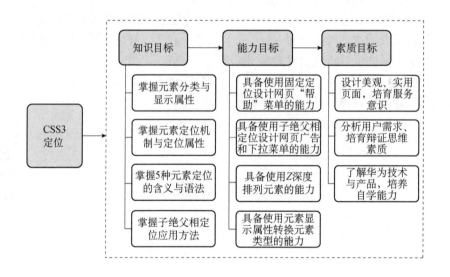

6.1　工作任务 6　轮播广告静态设计

使用定位技术设计如图 6-1 所示的华为首页轮播广告的一个页面。在广告图像的底部有三条水平线指示广告图像在图像库中的位置，在广告图像的左右各有一个小于和大于号方便用户主动翻页广告图像。

扫一扫 6-1,
工作任务 6
运行效果

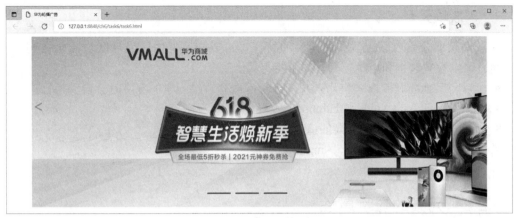

图 6-1　轮播广告某页面

6.2　元素的分类与显示属性

6.2.1　元素的分类

根据元素在网页内的占位属性，HTML 的元素可以分为三种不同的类型：块元素、内联块元素（又叫行内块元素）和内联元素。

1.　内联元素

内联元素是指可以与其他元素显示在一行，不能设定宽度与高度的元素，具有如下特点：
- 与其他内联或内联块元素共享一行；
- width 与 height 属性设置无效，大小由内容撑开，只有在内容超过元素的宽度时才会自动换行；
- padding 属性的 top、right、bottom、left 设置都有效；margin 属性只有 left、right 设置有效。

常用内联元素包括<a>、<span>、<i>、<em>、<strong>、<label>、<q>、<var>、<cite>、<code>等。

2.　块元素

块元素是指需要独占一行，不能与其他元素共享行的元素，具有如下特点：
- 独占一行，不能和其他元素共享一行，不设置宽度的情况下默认填满父级元素的宽度；
- 可以设置元素的 width 与 height 属性；
- padding 和 margin 4 个方向的值设置均有效。

常用块元素包括<div>、<p>、<h1>...<h6>、<ol>、<ul>、<dl>、<table>、<address>、<blockquote>、<form>等。

3. 内联块元素

内联块元素兼具内联元素和块元素的特点，可以与其他内联或内联块元素在同一行显示，而且可以设置大小和边距，具有如下特点：

- 可以与其他内联或内联块元素共享一行，内容超过元素的宽度时会自动换行；
- 可以设置元素的 width 和 height 属性；
- padding 和 margin 4 个方向的值设置均有效。

常用内联块元素包括<img>、<input>等。

6.2.2 元素的显示属性

每个 HTML 元素依据元素类型都有默认的显示模式，如<div>元素默认是块元素，独占一行显示。CSS 提供了 display 属性转换元素的显示类型，改变元素的显示模式，如通过转换，<div>元素可以转化为行内块元素或内联元素，与其他元素共享一行。display 属性取值及其含义如表 6-1 所示。

表 6-1   display 属性取值及其含义

属 性 值	描 述
none	将元素隐藏起来，页面不显示元素
block	将元素转换为块元素，具有块元素的显示特性
inline	将元素转换为行内元素，具有行内元素的显示特性
inline-block	将元素转换为行内块元素，具有行内块元素的显示特性，是 CSS2.1 新增的值
list-item	将元素转化为列表显示元素

【例 6-1】转换<div>元素的显示属性，实现一行显示 3 个<div>元素，显示效果如图 6-2 所示。

图 6-2   一行显示 3 个<div>块元素

```html
<html>
    <head>
        <meta charset="UTF-8">
        <title>转换元素显示模式</title>
        <style>
            body {
                margin: 0;
                background-color: #E9E9E9;
            }
            div.polaroid {
                /* 设置元素大小 */
                width: 400px;
                height: 420px;
                /* 设置元素上右下左内边距分别为10px 10px 15px 10px */
                padding: 10px 10px 15px 10px;
                /* 设置元素边框宽度为1px,实线线型和颜色 */
                border: 1px solid #BFBFBF;
                background-color: white;
                /* 设置元素外边距为5px */
                margin: 5px;
                /* 将块元素转换为行内块元素,一行显示 */
                display: inline-block;
            }
            .main {
                /* 设置元素居中对齐 */
                width: 87%;
                margin: auto;
            }
        </style>
    </head>
    <body>
        <div class="main">
            <div class="polaroid">
                <img src="img/华为1.jpg" width="400" height="250" />
                <h3>华为云 TechWave 全球技术峰会</h3>
                <p>峰会围绕人工智能、大数据…….</p>
            </div>
            <div class="polaroid">
                <img src="img/华为2.jpg" width="400" height="250" />
                <h3>2021 华为用户大会</h3>
                <p>初心不改，匠心不变……</p>
            </div>
            <div class="polaroid">
                <br />
                <h3>华为在中国建立其全球最大的网络安全透明中心</h3>
                2021 年 06 月 09 日
                ……
            </div>
        </div>
    </body>
</html>
```

扫一扫 6-2,
例 6-1 运行效果

6.3 定位概述

元素有三种定位机制：普通流、浮动和定位。本章介绍定位，下一章介绍浮动。

6.3.1 定位机制

HTML 元素在网页中都被看作是框，以框模型的方式进行排列。默认所有框都在普通流中进行定位，普通流中框的位置由元素本身决定，遵循以下规则：

- 块元素从上到下一个接一个地排列，元素之间的垂直距离基于框的垂直外边距计算，并根据边距合并原则进行上下外边距的合并；
- 内联块元素在一行中水平布置，通过设置水平内边距、边框和外边距调整相互之间的间距。由一行元素组成的水平框称为行框（line box），行框高度是行内所有元素框中高度最大框的高度，可以通过设置行高来增加框的高度；
- 内联元素在一行中水平布置，行框高度由最高行框决定，仅包含内联元素的行不能设置行高。

普通流定义了元素的基准位置，但是在网页设计中，往往还有一些特殊的位置需求，如帮助按钮一般放在网页的右下角，不影响网页整体内容显示，且方便单击；导航菜单一般放置在网页的顶部，醒目且导航方便。针对这些特殊位置需求，就需要用到定位技术。定位允许元素框离开普通文档流，相对于其正常位置应该出现的位置，或者相对于父元素、另一个元素甚至浏览器窗口本身进行位置移动，为网页布局带来便利。如帮助按钮相对于浏览器窗口进行位置移动定位，确保位于窗口的右下角。

6.3.2 定位属性

1. position 属性

CSS 使用 position 属性设置定位的类型，有 6 种取值，设置 5 种定位类型，如表 6-2 所示。

表 6-2 position 属性

属 性 值	描 述
static	静态定位，普通文档流，默认定位方式
relative	生成相对定位的元素，相对元素正常位置的定位
absolute	生成绝对定位元素，相对于其他元素的定位，其他元素必须设置了定位属性
fixed	生成固定定位元素，相对于浏览器窗口的定位
sticky	生成黏性定位元素，根据用户滚动位置进行的定位
inherit	规定从父元素继承 position 属性的值

2. 位置偏移属性

CSS 定位允许元素相对于其参考位置进行移动，称为位置偏移。位置偏移相关属性及其取值含义如表 6-3 所示。

表 6-3　位置偏移相关属性及其取值含义

属　性　名	属性说明
bottom	设置定位元素下外边距边界与参考位置之间的位置偏移，可使用负值，正值从参考位置向上移动，负值从参考位置向下移动。有以下几种取值，说明如下。 ● auto：默认值，通过浏览器计算位置 ● %：设置以包含元素的百分比计的底边位置 ● length：使用 px、cm 等单位设置元素的底边位置 ● inherit：从父元素继承 bottom 属性的值
top	设置定位元素上外边距边界与参考位置之间的位置偏移，参数取值及含义同 bottom 属性
right	设置定位元素右外边距边界与参考位置之间的位置偏移，参数取值及含义同 bottom 属性
left	设置定位元素左外边距边界与参考位置之间的位置偏移，参数取值及含义同 bottom 属性
clip	设置绝对定位元素的形状，元素被剪入这个形状之中显示，有以下几种取值，说明如下。 ● shape：设置元素的形状，唯一合法的形状值是：rect (top, right, bottom, left) ● auto：默认值，不应用任何剪裁 ● inherit：从父元素继承 clip 属性值

6.4　元素定位

6.4.1　相对定位

相对定位（relative position）的参考位置是元素本身，也即元素相对于其在普通文档流中本来的位置进行移动。移动后元素保持未定位前的形状，原本占用的普通文档流位置仍然保留。如图 6-3 所示，元素框 2 本来位于无背景色虚线框所示的位置，使用相对定位后移动到有背景色虚线框所示的位置，但其原有位置仍然保留，元素框 3 的位置并没有发生变化。元素框 2 叠加到了元素框 3 的上面。

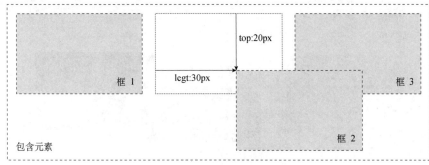

图 6-3　相对定位

【**例 6-2**】编写代码体验相对定位的位置移动，程序代码如下，运行效果如图 6-4 所示，定位将第 2 个图像元素向右和下分别移动了 30px 和 20px 个单位。

扫一扫 6-3，
例 6-2 运行效果

```
<html>
    <head>
        <meta charset="utf-8" />
        <title>相对定位</title>
        <style type="text/css">
            img {
                width: 200px;
                height: 125px;
            }
            #box2 {
                /* 相对定位,相对自己本来位置右移30px,下移20px */
                position: relative;
                left: 30px;
                top: 20px;
            }
        </style>
    </head>
    <body>
        <img id="box1" src="img/华为1.jpg">
        <img id="box2" src="img/华为2.jpg" />
        <img id="box3" src="img/华为3.jpg" />
    </body>
</html>
```

（a）元素未定位

（b）元素框 2 相对定位

图 6-4　相对定位元素移动

【例 6-3】修改例 6-2，将位置偏移值设为负值，体验相对定位的位置移动，程序代码如下，运行效果如图 6-5 所示，定位将第 2 个图像元素向左和上分别移动了 30px 和 20px 个单位。

其余代码不变，元素定位属性代码修改如下：

```
#box2 {
    /* 相对定位,相对自己本来位置左移 30px,上移 20px */
    position: relative;
    left: -30px;
    top: -20px;
}
```

图 6-5　元素框 2 相对定位

6.4.2　绝对定位

绝对定位（absolute position）的参考位置是其他元素，定位元素相对于其他元素的位置进行移动。移动后元素原本占用的普通文档流位置不再保留，绝对定位元素从普通文档流中完全删除，叠加在其他元素的上面，如图 6-6 所示。元素框 2 绝对定位并向下、向右分别移动 20px、30px 个单位后其原来占有的位置被元素框 3 所占用，元素框 2 不再占有位置，直接叠加在元素框 1 和元素框 3 的上面。

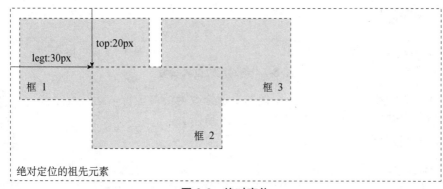

图 6-6　绝对定位

绝对定位的参考元素是已定位（何种定位都可以）的最近祖先元素或浏览器窗口，如图 6-7 所示。4 个层层嵌套的盒子元素如图 6-7（a）所示，将最里面的盒子 4 设置为绝对定位，其位置参考元素分析如下：

- 如果其最近的祖先——父级盒子 3 有定位，则盒子 3 就是其参考位置，如图 6-7（b）所示；
- 如果其父级盒子 3 没有定位，祖先盒子 2 有定位，则祖先盒子 2 就是其参考位置，如图 6-7（c）所示；
- 如果其祖先盒子 1、2、3 都没有定位，则浏览器窗口就是其参考位置，如图 6-7（d）所示。

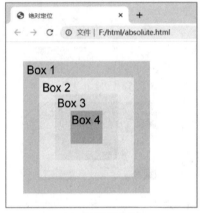
（a）盒子初始位置

（b）相对于已定位的盒子 3 定位

（c）相对于已定位的盒子 2 定位

（d）相对浏览器窗口定位

图 6-7　绝对定位位置参考

【例 6-4】修改例 6-2，将第 2 个图像的定位修改为绝对定位，运行程序体验绝对定位的位置移动，程序运行效果如图 6-8 所示。

元素定位属性代码修改如下：

扫一扫 6-5，
例 6-4 运行效果

```
#box2 {
    /* 绝对定位,相对浏览器窗口右移 30px,下移 20px */
    position: absolute;
    left: 30px;
    top: 20px;
}
```

图 6-8　元素框 2 绝对定位

由于第 2 个图像元素没有具有定位属性的父级元素，元素的位置参考是浏览器窗口，定位将其相对于浏览器向右和向下分别移动了 30px 和 20px 个单位，叠加在了图像 1 和 3 的上面。

6.4.3　子绝父相定位

绝对或相对定位后元素会出现叠加遮挡情况，因此单独的绝对和相对定位在网页设计中并不使用，网页设计中主要使用子绝父相定位。顾名思义，子绝是指子元素使用绝对定位，父相是指父元素使用相对定位的一种定位模式。

相对定位的元素能够保留其在普通文档流中的位置，如果将其位置偏移设为 0，则其在普通文档流中的显示并不发生变化，保持没有定位前的原来位置，所以将相对定位元素的位置偏移设为 0 具有不改变文档流原有显示属性的特点。绝对定位元素不占有文档流位置，可以叠加在页面的任何位置，不影响文档流的原有显示属性。综合应用位置偏移为 0 的相对定位和绝对定位组成子绝父相定位组合既能保持文档流的正常显示，又能产生一些实用的网页效果，如在商品上叠加一些即时信息或醒目标志，将菜单叠加在指定位置等。因此，在网页设计中逐渐成为一种广泛使用的实用定位技术，子绝父相定位也成为一种固定的定位组合。

扫一扫 6-6，
例 6-5 运行效果

【例 6-5】使用子绝父相定位为例 6-1 中的三个内容分别叠加"展会活动"和"新闻"的主题标识，显示效果如图 6-9 所示。

图 6-9　子绝父相定位

```html
<html>
    <head>
        <meta charset="UTF-8">
        <title>子绝父相定位</title>
        <style>
            body {
                margin: 0;
                background-color: #E9E9E9;
            }
            div.polaroid {
                /* 设置元素大小 */
                width: 400px;
                height: 420px;
                /* 设置元素上右下左内边距为10px 10px 15px 10px */
                padding: 10px 10px 15px 10px;
                /* 设置元素边框宽度为1px,实线,灰色 */
                border: 1px solid #BFBFBF;
                background-color: white;
                /* 设置元素外边距为5px */
                margin: 5px;
                /* 将块级元素转化为行内块元素 */
                display: inline-block;
                /* 设置偏移为0的相对定位父级元素 */
                position: relative;
            }
            .main {
                /* 设置元素居中对齐 */
                width: 87%;
                margin: auto;
            }
            .subbox {
                /* 设置元素大小 */
                width: 90px;
                height: 40px;
                background-color: antiquewhite;
                /* 设置子元素绝对定位,左边不偏移,上移1px */
                position: absolute;
                left: 0px;
                top: -1px;
            }
            .subbox p {
                /* 设置元素外边距,行高,字号 */
                margin: 5px;
                font-size: 18px;
                line-height: 30px;
            }
        </style>
    </head>
    <body>
        <div class="main">
            <div class="polaroid">
```

```
            <div class="subbox">
                <p>展会活动</p>
            </div>
            <img src="img/华为1.jpg" width="400" height="250" />
            <h3>华为云 TechWave 全球技术峰会</h3>
            <p>峰会围绕人工智能、大数据、数据库、华为云 Stack 等热点话题,
                探讨企业智能升级的成长之道。创新普惠,一路前行。</p>
        </div>
        ……..
    </body>
</html>
```

【例 6-6】使用子绝父相定位技术设计一个如图 6-10 所示的下拉菜单。

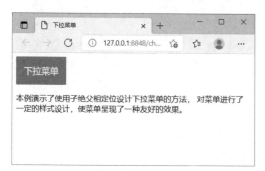
（a）初始页面

（b）菜单下拉

图 6-10 下拉菜单

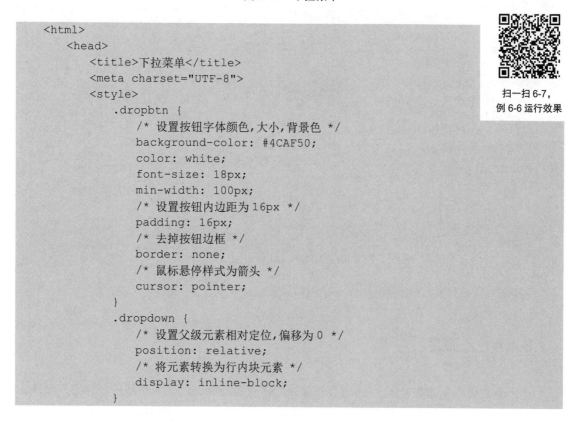

```
<html>
    <head>
        <title>下拉菜单</title>
        <meta charset="UTF-8">
        <style>
            .dropbtn {
                /* 设置按钮字体颜色,大小,背景色 */
                background-color: #4CAF50;
                color: white;
                font-size: 18px;
                min-width: 100px;
                /* 设置按钮内边距为16px */
                padding: 16px;
                /* 去掉按钮边框 */
                border: none;
                /* 鼠标悬停样式为箭头 */
                cursor: pointer;
            }
            .dropdown {
                /* 设置父级元素相对定位,偏移为 0 */
                position: relative;
                /* 将元素转换为行内块元素 */
                display: inline-block;
            }
```

```
        .dropdown-content {
            /* 设置子元素绝对定位 */
            position: absolute;
            /* 设置子元素初始不显示,最小宽度,背景色,边框阴影,Z深度为1显示在上面 */
            display: none;
            background-color: #f9f9f9;
            min-width: 160px;
            box-shadow: 0px 8px 16px 0px rgba(0, 0, 0, 0.2);
            z-index: 1;
        }
        .dropdown-content a {
            /* 设置子菜单<a>元素样式,无下划线,转化为块元素,黑色 */
            text-decoration: none;
            display: block;
            color: black;
            /* 上右下左内边距分别为12px 16px 12px 16px */
            padding: 12px 16px;
        }
        .dropdown-content a:hover {
            /* 设置鼠标悬停背景色 */
            background-color: #f1f1f1
        }
        .dropdown:hover .dropdown-content {
            /* 设置鼠标悬停显示子菜单 */
            display: block;
        }
        .dropdown:hover .dropbtn {
            /* 鼠标悬停按钮背景色变暗 */
            background-color: #3e8e41;
        }
    </style>
</head>
<body>
    <div class="dropdown">
        <button class="dropbtn">下拉菜单</button>
        <div class="dropdown-content">
            <a href="#">复制</a>
            <a href="#">粘贴</a>
            <a href="#">剪切</a>
        </div>
    </div>
    <p>本例演示了使用子绝父相定位设计……</p>
</body>
</html>
```

6.4.4　Z 深度

对元素定位以后会发生元素的堆叠现象，CSS 使用 z-index 属性设置元素的堆叠顺序。

属性取值说明如下。
- auto：默认，堆叠顺序与父元素相等；
- number：设置元素的堆叠顺序；
- inherit：从父元素继承值。

堆叠顺序可以设置为正值或负值，具有较高堆叠顺序值的元素始终位于具有较低堆叠顺序值的元素之前。如果两个定位的元素重叠而未指定 z-index 属性值，则位于 HTML 代码中最后的元素堆叠顺序值最大，显示在最前面，将遮挡其他元素。

绝对定位的元素框与文档流无关，会覆盖在页面的其他元素上面，可以通过设置 z-index 属性来控制这些元素框的堆叠次序。

6.4.5　固定定位

固定定位（fixed position）的参考位置是浏览器视口，与绝对定位一样，固定定位元素也从普通文档流中完全删除，不占有文档流位置，叠加在其他元素的上面。由于其参考位置是浏览器窗口，所以滚动页面时固定定位元素的位置不会发生变化，始终位于同一位置，经常被用于设计页面的帮助按钮。

【例 6-7】使用固定定位技术为页面设计一个如图 6-11 所示的显示在页面右下角的"帮助"按钮。

扫一扫 6-8，
例 6-7 运行效果

图 6-11　固定定位"帮助"按钮

```html
<html>
    <head>
        <title>固定定位</title>
        <style type="text/css">
            img{
                /* 固定定位,距离浏览器窗口右侧 1px,底部 20px */
                position: fixed;
                right: 1px;
                bottom: 20px;
            }
        </style>
    </head>
    <body>
        <img src="img/帮助图标.jpg">
    </body>
</html>
```

6.4.6　黏性定位

黏性定位（sticky position）是基于用户滚动位置的一种定位模式，定位表现为在跨越特定阈值之前为相对定位（relative position），之后为固定定位（fixed position）。也即行为在相对定位与固定定位之间切换，当页面滚动没有超出目标区域时，元素的行为像相对定位；当页面滚动超出目标区域时，元素的行为像固定定位，会固定在目标位置。

与其他定位位置偏移设置不同，黏性定位必须且只能设置 top、right、bottom、left 4 个属性中的一个，用于规定定位模式切换的阈值。不设置或设置超过一个属性固定定位将无效，表现为相对定位。Internet Explorer、Edge 15 以及更早版本的浏览器不支持黏性定位。

6.5　任务实施

1. 技术分析

图 6-1 中广告图像底部的三条水平线和左右的小于/大于号都是叠加在广告图像上的，是典型的子绝父相定位技术应用，广告图像是父元素，使用相对定位，水平线、小于/大于号是子元素，使用绝对定位。

2. 实施

使用子绝父相定位编写代码实现如下：

```html
<html>
    <head>
        <meta charset="utf-8">
        <title>华为轮播广告</title>
        <style type="text/css">
            * {
                margin: 0;
                padding: 0;
            }
            #box {
                /* 设置元素大小 */
                width: 90%;
                height: 500px;
                /* 设置元素背景图像 */
                background-image: url(img/m2.jpg);
                /* 设置上下外边距10px，左右居中对齐 */
                margin: 10px auto;
                /* 设置父级元素相对定位 */
                position: relative;
            }
            .prev,.next {
```

```
            /* 设置元素大小与字号 */
            width: 40px;
            height: 45px;
            font-size: 48px;
            /* 设置子元素绝对定位,向下偏移180px,向左不偏移*/
            position: absolute;
            top: 180px;
            /* 设置透明度,字体颜色,文本居中对齐,行高,鼠标样式 */
            opacity: 0.4;
            color: red;
            text-align: center;
            line-height: 45px;
            cursor: pointer;
        }
        .next {
            /* 设置子向右不偏移*/
            right: 0;
        }
        .xy {
            /* 设置元素大小与文本对齐 */
            width: 300px;
            height: 20px;
            text-align: center;
            /* 设置子元素绝对定位,底部向上偏移30px,左边向右偏移500px*/
            position: absolute;
            bottom: 30px;
            left: 500px;

        }
        .xy span {
            /* 设置元素大小与鼠标样式 */
            width: 70px;
            height: 3px;
            cursor: pointer;
            /*设置外边距5px*/
            margin: 5px;
            /* 设置元素背景色 */
            background: red;
            /* 将行内元素变换为行内块元素 */
            display: inline-block;
        }
    </style>
</head>
<body>
    <div id="box">
        <div class="xy">
            <span></span>
            <span></span>
            <span></span>
        </div>
        <div class="prev">&lt;</div>
```

```
            <div class="next">&gt;</div>
        </div>
    </body>
</html>
```

［本章小结］

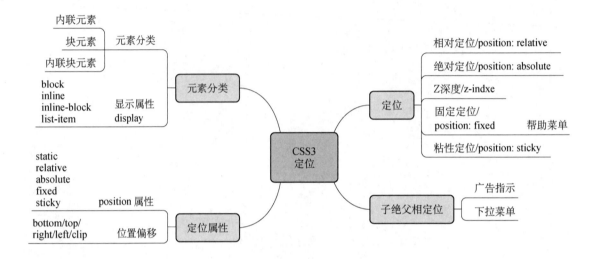

6.6 习题与项目实战

1．以下关于元素定位偏移量的描述中哪个是错误的？（　　　）

A．位置偏移量不指定，则默认为不偏移

B．垂直方向偏移量使用 up 或 down 属性指定

C．垂直方向偏移量使用 top 或 bottom 属性指定

D．用来实现偏移量的 top、bottom、left、right 属性值可以为负数

2．以下关于元素相对和绝对定位的描述中哪个是错误的？（　　　）

A．absolute 设置元素绝对定位，没有父级定位元素其定位基准是浏览器窗口

B．relative 设置元素为相对定位，元素相对于其标准流位置偏移

C．relative 设置元素为相对定位，元素相对于定位父级位置偏移

D．absolute 设置元素为绝对定位，元素相对于定位父级位置或浏览器偏移

3．以下关于元素定位的描述中哪个是错误的？（　　　）

A．static 为默认定位，若没有定位，元素按照标准流进行布局

B．黏性定位的位置基准有阈值，在相对和固定定位之间切换

C．黏性定位没有位置基准

D．固定定位的位置基准是浏览器窗口

4．使用以下哪种定位可以保持两个元素的相对位置不变？（　　　）

A．相对定位　　　　　B．子绝父相定位　　C．固定定位　　　　　D．绝对定位

5．使用以下哪种定位可以使元素固定在网页的某个位置？（　　　）

A．相对定位　　　　　B．子绝父相定位　　C．固定定位　　　　　D．绝对定位

6．使用以下哪种样式设计能够在网页中实现两个元素的重叠效果？（　　　）

A．z-index 属性　　　　　　　　　　　B．容器属性

C．绝对定位与相对定位属性　　　　　　D．固定定位属性

7．已知如下 HTML 代码，哪个样式设置可以使文字置于图像上方？（　　　）

```
<div class="text">文本</div>
<div><img src="img/图像.jpg"/></div>
```

A．.text{position:absolute;z-index:-1;}

B．.text{position:relative;z-index:-1;}

C．.text{position:relative;z-idnex:1;}

D．.text{position:absolute;z-index:1;}

8．以下代码段中关于 z-index 属性的说法中正确的是（　　　）。

```
<style type="text/css">
  .tipText{
          display:none;
          position:absolute;
          z-index: 2;
          left:10px;
          top:36px;
    }
</style>
<body>
    <div class="tipText"><img src="tip.jpg"></div>
</body>
```

A．z-index 属性值的值取值范围为 0～100

B．必须设置 z-index 属性，否则会出现语法错误

C．将 z-index 属性设置为 2 或-2 的效果是一样的

D．z-index 属性用于改变层的左右位置

9．使用无序列表定义导航菜单时，以下哪个属性可以定义菜单的叠放次序？（　　　）

A．list-style　　　B．padding　　　C．z-index　　　　D．float

10．以下哪个不是 display 属性的合法取值？（　　　）

A．invisible　　　B．block　　　C．inline　　　　D．inline-block

11．display 属性取以下哪个值可以使元素不可见？（　　　）

A．.hidden　　　B．block　　　C．invisible　　　D．none

12．参考例 6-6，使用固定定位与子绝父相定位设计固定在头部的左右对齐下拉菜单，运行效果如图 6-12 所示，左菜单的菜单项为"文件""打开""保存"，右菜单的菜单项为"复制""粘贴""剪切"。

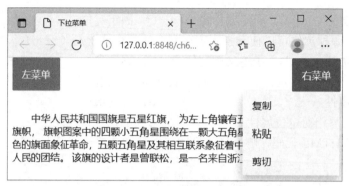

扫一扫 6-9,
作业 6-12
参考代码

图 6-12　固定在顶部的下拉菜单

13．分析图 6-13（a）～（d）所用到的定位技术。

扫一扫 6-10,
作业 6-13 分析

（a）搜索框

（b）顶部主菜单　　　　　（c）右侧帮助菜单　　　　　（d）促销标志

图 6-13　定位技术应用

第7章

CSS3 浮动与布局

本章介绍浮动流与弹性布局，浮动也能生成许多实用的网页效果，用于网页布局具有一定的自适应性，是网页的主流布局技术之一。弹性布局的自适应性非常适合跨平台开发，是逐渐广泛应用的一种布局技术。

［本章学习目标］

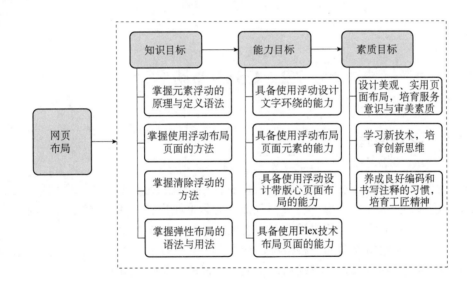

7.1　工作任务 7　设计网站首页布局

使用弹性布局技术实现如图 7-1 所示的典型网页布局。
（1）页面顶部是主菜单，通过边距设置菜单项之间的间隔。
（2）页面左侧是侧边菜单，菜单项具有一致的宽度。
（3）鼠标悬停于菜单项时菜单项背景色发生变化。

扫一扫 7-1，
工作任务 7
运行效果

图 7-1　网页布局示例

7.2　CSS3 浮动

7.2.1　浮动原理

浮动能够使元素框脱离普通流，向左或向右移动，直到元素框外边缘碰到包含框或另一个浮动框的边框为止。与定位流一样，浮动流中元素框脱离了普通文档流，在普通文档流中不占有位置，所以在普通文档流中浮动元素会堆叠到其他元素上面。

图 7-2 给出了元素右浮动的一种情况，元素框 1 浮动以后脱离普通文档流向右移动，直到遇到包含框的边缘停下来，其浮动后空出来的位置被元素框 2 所占用。

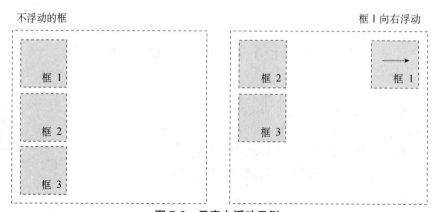

图 7-2　元素右浮动示例

图 7-3 给出了元素左浮动的几种情况。

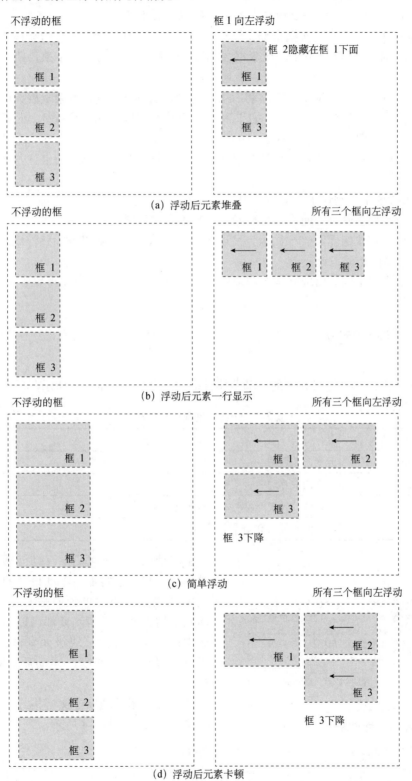

图 7-3　左浮动

- 图 7-3（a）中元素框 1 左浮动以后空出来的位置被元素框 2 所占用，元素框 1 堆叠在元素框 2 的上面，所以元素框 2 就被元素框 1 所遮挡看不到了。
- 图 7-3（b）中 3 个元素框全部左浮动，元素框 1 遇到包含框的左边缘停下来，元素框 2 遇到浮动框 1 的左边缘停下来，元素框 3 遇到浮动框 2 的左边缘停下来，所以 3 个元素框就排成了一行。
- 图 7-3（c）中元素框 1 和 2 浮动后由于包含框的宽度限制，剩余宽度无法容纳元素框 3，所以元素框 3 下移到了下一行。如果下一行仍然不足以容纳元素框 3，元素框 3 会继续下移，直到某一个拥有足够空间的行为止。
- 图 7-3（d）中，由于浮动框的高度不同，浮动框 3 被浮动框 1 所卡住，移到了浮动框 2 的下面。

图 7-2 和 7-3 全面阐述了浮动的原理与特点，总结如下：

- 元素浮动后会脱离普通流，漏掉元素原来占有的位置；
- 浮动可以使块级元素一行显示，呈现出一种特殊的显示效果，因此浮动也经常用于网页的布局设计；
- 浮动框高度不同会出现元素卡顿现象。

扫一扫 7-2，
浮动原理

7.2.2　浮动定义

CSS 使用 float 属性定义元素的浮动，属性取值及其含义如表 7-1 所示。

表 7-1　float 属性取值及其含义

属 性 值	描 述
left	元素向左浮动
right	元素向右浮动
none	默认值，元素不浮动，显示在普通流的位置
inherit	从父元素继承 float 属性的值

图 7-4　文字环绕图像

由浮动原理分析可见，浮动能够使元素紧密地排列在一起。事实上，浮动设计的初衷也是实现文字环绕图像的效果。但是 CSS 并没有限定浮动元素的类型，任何元素都可以浮动，浮动后都会生成一个块元素（块级元素框），如果不明确指定浮动元素的宽度，浮动后元素会尽可能地窄。

【例 7-1】用浮动设计文档格式，实现文字环绕图像的效果，如图 7-4 所示。

```
<html>
    <head>
        <meta charset="UTF-8">
```

```
        <title>国旗介绍</title>
        <style>
            img {
                /* 设置图像左浮动 */
                float: left;
                /* 设置图像右边距为 10px */
                margin-right: 10px;
                /* 设置图像大小 */
                width: 175px;
                height: 116px;
            }
        </style>
    </head>
    <body>
        <p style="font-size: 20px; text-align: justify;">
            <img src="img/国旗.png" />
            中华人民共和国国旗是五星红旗……
        </p>
    </body>
</html>
```

【例 7-2】修改例 7-1，为图像增加标题和边框，显示效果如图 7-5 所示。

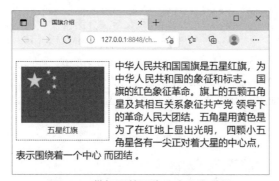

图 7-5　带标题的图像文字环绕效果

```
<html>
    <head>
        <meta charset="UTF-8">
        <title>国旗介绍</title>
        <style>
            img {
                /* 设置图像大小 */
                width: 175px;
                height: 116px;
            }
            div {
                /* 设置元素左浮动 */
                float: left;
                width: 175px;
                /* 设置元素上右下左外边距分别为 5px 12px 0 0 */
                margin: 5px 12px 0 0;
```

```
        /* 设置元素内边距为10px */
        padding: 10px;
        /* 设置元素边框宽度为1px,点线,黑色 */
        border: 1px dashed black;
        /* 设置文本居中对齐,字号为16px */
        text-align: center;
        font-size: 16px;
    }
    </style>
</head>
<body>
    <div>
        <img src="img/国旗.png" />
        五星红旗
    </div>
    <p style="font-size: 20px; text-align: justify;">
        中华人民共和国国旗是五星红旗……
    </p>
</body>
</html>
```

【例7-3】用浮动设计文档格式，实现文字浮动的效果，如图7-6所示。

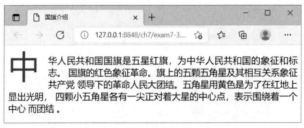

图 7-6 文字浮动

```
<html>
    <head>
        <meta charset="UTF-8">
        <title>国旗介绍</title>
        <style>
            span {
                /* 设置元素左浮动 */
                float: left;
                /* 设置元素宽度,字号,字体（）,行高,颜色 */
                width: 1.3em;
                font-size: 400%;
                font-family: algerian, courier;
                line-height: 83%;
                color: #FF0000;
            }
        </style>
    </head>
    <body>
        <span>中</span>
```

```
        <p style="font-size: 18px; text-align: justify;">
            华人民共和国国旗是五星红旗……
        </p>
    </body>
</html>
```

7.3　浮动布局与清除浮动

7.3.1　浮动布局

浮动使元素紧密地排列在一起的特点使得浮动后元素能够显示在一行中，因此，也经常用浮动将块元素显示在一行，进行页面排版。

【例 7-4】用浮动设计网页菜单，显示效果如图 7-7 所示。

图 7-7　浮动菜单

```
<html>
    <head>
        <meta charset="UTF-8">
        <title>菜单设计</title>
        <style type="text/css">
            ul {
                /* 设置元素宽度与内外边距 */
                width: 100%;
                padding: 0;
                margin: 10px;
                /* 去掉列表默认样式,不显示项目符号 */
                list-style-type: none;
            }
            a {
                /* 去掉超链接默认样式,不显示下划线*/
                text-decoration: none;
                /* 设置元素前景色*/
                color: white;
            }
            li {
                /* 设置元素左浮动 */
                float: left;
                /* 设置元素背景色与对齐方式 */
                background-color: purple;
```

```
            text-align: center;
            /* 设置元素宽度、内边距与边框样式 */
            width: 150px;
            padding: 0.2em 0.6em;
            border-right: 1px solid white;
        }
    </style>
</head>
<body>
    <ul>
        <li>
            <a href="#">个人及家庭产品</a>
        </li>
        <li>
            <a href="#">商用产品及方案</a>
        </li>
        <li>
            <a href="#">服务支持</a>
        </li>
        <li>
            <a href="#">合作伙伴与开发者</a>
        </li>
        <li>
            <a href="#">关于华为</a>
        </li>
    </ul>
</body>
</html>
```

【例 7-5】将例 4-2 中的元素进行浮动，实现三行两列布局，显示效果如图 7-8 所示。

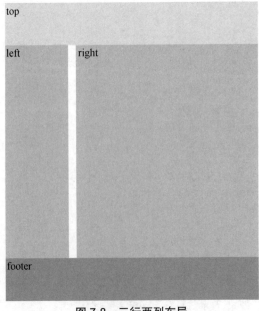

图 7-8　三行两列布局

```html
<html>
    <head>
        <meta charset="UTF-8">
        <title></title>
        <style>
            .top {
                /* 设置元素高度为 60px,宽度默认 100% */
                height: 60px;
                /* 设置元素背景色,上下外边距为 0,水平居中 */
                background-color: pink;
                margin: 0 auto;
            }
            .main {
                /* 设置元素高度为 300px,宽度默认 100% */
                height: 300px;
                margin: 0 auto;
            }
            .left {
                /* 设置元素高度为 300px,宽度为 25% */
                height: 300px;
                width: 25%;
                background-color: orange;
                /* 设置元素左浮动 */
                float: left;
            }
            .right {
                /* 设置元素高度为 300px,宽度为 72%, 与左边元素间隔 3%宽度 */
                height: 300px;
                width: 72%;
                background-color: orange;
                /* 设置元素右浮动 */
                float: right;
            }
            .footer {
                /* 设置元素高度为 60px,宽度默认 100% */
                height: 60px;
                /* 设置元素背景色,上下外边距为 0,水平居中 */
                background-color: darkcyan;
                margin: 0 auto;
            }
        </style>
    </head>
    <body>
        <div class="top">top</div>
        <div class=" main ">
            <div class="left ">left</div>
            <div class="right ">right</div>
        </div>
        <div class="footer">footer</div>
    </body>
</html>
```

在布局中使用百分比来定义元素框的宽度能够使得布局宽度随着屏幕尺寸变化而自适应，使网页具有一定的自适应性，但是有时候会带来布局内容的排列不美观问题，所以，布局中更多的是使用像素来定义元素框的宽度，为网页设计版心，确保内容显示在网页中间。

【例 7-6】修改例 7-5，为其增加横幅广告位置和版心设计，显示效果如图 7-9 所示。

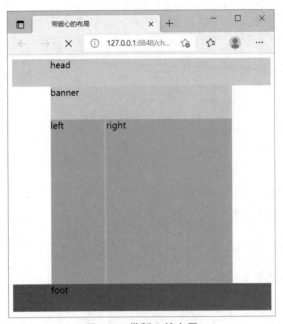

图 7-9   带版心的布局

```html
<html>
    <head>
        <meta charset="UTF-8">
        <title></title>
        <style>
            .top {
                /* 设置元素高度为 50px,宽度默认 100% */
                height: 50px;
                background-color: pink;
                margin: auto;
            }

            .top-inner {
                /* 设置元素高度为 50px,宽度为版心宽度 340px*/
                width: 340px;
                height: 50px;
                margin: 0 auto;
            }

            .banner {
                /* 设置元素高度为 60px,宽度为版心宽度 340px*/
                width: 340px;
                height: 60px;
                background-color: greenyellow;
```

```
                margin:auto;
            }

            .main {
                /* 设置元素高度为 300px,宽度为版心宽度 340px*/
                width: 340px;
                height: 300px;
                background-color: skyblue;
                margin:auto;
            }

            .left {
                /* 设置元素高度与父级高度一样 300px,宽度 100px*/
                width: 100px;
                height: 300px;
                background-color: orange;
                /* 设置元素左浮动 */
                float: left;
            }

            .right {
                /* 设置元素高度与父级高度一样 300px,宽度 235px，与左元素留 5px 间距*/
                width: 235px;
                height: 300px;
                background-color: orange;
                /* 设置元素右浮动 */
                float: right;
            }

            .footer {
                /* 设置元素高度为 50px,宽度为 100%*/
                height: 50px;
                background-color: darkcyan;
                margin: auto;
            }
        </style>
    </head>
    <body>
        <div class="top">
            <div class="top-inner">head</div>
        </div>
        <div class="banner">banner</div>
        <div class="main">
            <div class="left">left</div>
            <div class="right">right</div>
        </div>
        <div class="footer">
            <div class="top-inner">foot</div>
        </div>
    </body>
</html>
```

7.3.2　隔墙法清除浮动

例 7-5 中给左右浮动元素的父级设置了一个与浮动元素一样的高度，这个父级的作用是包围浮动元素并使网页文档逻辑结构条理清晰，如果没有浮动，并不需要设置高度，会自动包含内部元素。但是，浮动后父级不设定高度或高度设定不合适会出现一些难以预料的结果。图 7-10（a）是父级没有设定高度的情况，页脚跑到了内容的后面，紧贴页眉；图 7-10（b）是设定的高度小于浮动元素高度的情况，页脚同样跑到了内容的后面；7-10（c）是设定的高度大于浮动元素高度的情况，由于高度偏大页脚的文字和背景发生了分离。所以浮动后需要为浮动元素的父级设置合适的高度，以消除浮动元素漏掉位置对后续元素排版的影响。

浮动最初是为了文字环绕图像效果而设计的，是实践中发现用于布局效果很好而逐渐用于布局的，但是用于布局却会出现与绝对、固定定位一样漏掉位置的情况，影响后续元素的排版，因此，需要在布局中清除浮动产生的影响。为浮动元素父级设置合适的高度就是一种有效的清除方法，这种方法就好像为浮动元素打了一堵墙，将浮动和后续元素分别分隔在墙内与墙外，互不干扰，所以也称为隔墙法清除浮动。

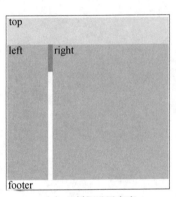
（a）父级不设置高度

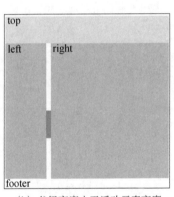
（b）父级高度小于浮动元素高度

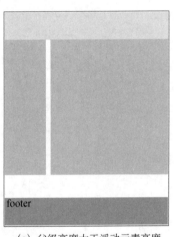
（c）父级高度大于浮动元素高度

图 7-10　浮动让页脚位置发生变化

7.3.3　clear 属性清除浮动

为父级元素设置合适高度来清除浮动影响的方法较简单，但是实践中每一次修改浮动元素的高度都需要修改其父级的高度，较为麻烦。因此，CSS 设计了 clear 属性专门用于清除浮动对其他元素的影响，属性取值及含义如表 7-2 所示。

表 7-2　clear 属性取值及含义

属　性　值	描　　述
left	清除元素左侧浮动元素的影响
right	清除元素右侧浮动元素的影响

续表

属　性　值	描　　述
both	清除元素两侧浮动元素的影响
none	默认值，不清除浮动元素的影响
inherit	从父元素继承 clear 属性的值

针对 clear 属性设置位置的不同，又有三种具体的清除方法。

1. 相邻元素清除法

为浮动元素的相邻元素设置合适的 clear 属性值，就可以清除元素浮动对相邻元素位置的影响。

【例 7-7】修改例 7-5，清除页脚元素左侧浮动，消除浮动对页脚元素位置的影响。

扫一扫 7-3，
例 7-7 完整代码

去掉例 7-5 中浮动父级 main 盒子元素的高度，在页脚盒子处增加清除左浮动的代码，修改后代码如下：

```
.main {
    margin: auto;
}
.footer {
    /* 清除元素左侧浮动 */
    clear: left;
    height: 60px;
    background-color: darkcyan;
    margin: 0 auto;
}
```

2. 额外元素清除法

在相邻元素里添加清除浮动的属性可以有效地清除浮动元素对其的影响，能够解决浮动布局存在的问题。但是，将清除浮动属性放在受影响元素里结构不够友好，而且需要随着相邻元素的变化不断地修改清除浮动属性的位置，较为麻烦。因此，实践中也经常增加额外的元素专门用于清除浮动对相邻元素的影响。

【例 7-8】修改例 7-7，通过增加额外元素清除浮动对后续页脚元素的影响。

（1）在例 7-7 中浮动元素父级 main 盒子的后面增加一个专门用于清除浮动的元素，代码如下：

```
<div class="clearfix"></div>
```

扫一扫 7-4，
例 7-8 完整代码

（2）为专门用于清除浮动影响的元素添加样式，代码如下：

```
.clearfix{
    /* 清除元素两侧浮动 */
    clear: both;
}
```

（3）去掉页脚盒子清除浮动的代码，修改后的样式代码如下：

```
.footer {
    height: 60px;
    background-color: darkcyan;
}
```

3. 伪元素清除法

增加额外元素可以清除浮动，但是这个元素是专门用于清除浮动的，在 HTML 内容结构中并没有意义，破坏了 HTML 文档的内容结构，所以实际中使用并不多，而是基于这种方法的原理，用伪元素来清除浮动对相邻元素的影响。

扫一扫 7-5，
例 7-9 完整代码

【例 7-9】修改例 7-8，用伪元素来清除浮动对相邻的影响。

（1）去掉页面中专门用于清除浮动的元素及其样式代码。

（2）增加清除浮动的代码如下：

```
/*伪元素*/
.main:after {
    /*清除元素两侧浮动*/
    content: "";
    clear: both;
    display: block;
}
```

7.4　Flex 弹性布局

网页布局的传统解决方案基于框模型，通过元素框的浮动（或使用 display 属性改变元素显示类型）和定位实现页面的布局，这种解决方案在网页水平布局方面表现了优良的性能，但是不容易实现垂直居中效果。W3C 于 2009 年提出了一种新的布局解决方案——Flex 弹性布局，可以简便、完整、响应式地实现各种页面布局，目前已经得到了所有浏览器的支持，本节简单介绍 Flex 布局。

7.4.1　Flex 布局概述

Flex 是 flexible box 的缩写，意为"弹性布局"，用来为框模型提供最大的灵活性，任何一个容器都可以指定为 Flex 布局。定义语法如下：

```
display:flex; 或 display: inline-flex;（针对行内元素）
```

使用 Flex 布局的元素称为 Flex 容器（flex container），简称"容器"。其所有子元素自动成为容器成员，称为 Flex 项目（flex item），简称"项目"。设置 Flex 布局以后，子元素的 float、clear 和 vertical-align 属性都不再有效。

容器默认有两根轴：水平主轴（main axis）和垂直交叉轴（cross axis）。水平主轴开始位置与边框的交叉点叫作 main start，结束位置与边框的交叉点叫作 main end；交叉轴开始位置与边框的交叉点叫作 cross start，结束位置与边框的交叉点叫作 cross end。

项目默认沿主轴排列。单个项目占据的主轴空间叫作 main size，占据的交叉轴空间叫作 cross size。

Flex 布局涉及的概念含义如图 7-11 所示。

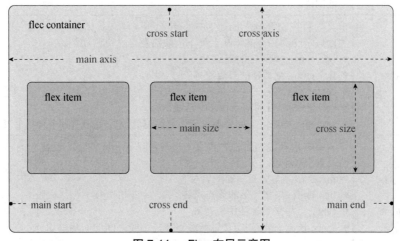

图 7-11　Flex 布局示意图

7.4.2　容器属性

容器是弹性布局的基础，与容器相关的属性及含义如表 7-3 所示。

表 7-3　容器布局属性及含义

属　性　名	属性说明
flex-direction	定义主轴的方向（即项目的排列方向），取值及含义说明如下。 ● row（默认值）：主轴为水平方向，起点在左端 ● row-reverse：主轴为水平方向，起点在右端 ● column：主轴为垂直方向，起点在上沿 ● column-reverse：主轴为垂直方向，起点在下沿
flex-wrap	默认情况下，项目都排在一条线（又称"轴线"）上。如果一条轴线排不下，使用 flex-wrap 属性定义如何换行，取值及含义说明如下。 ● nowrap（默认）：不换行 ● wrap：换行，第一行在上方 ● wrap-reverse：换行，第一行在下方
flex-flow	是 flex-direction 属性和 flex-wrap 属性的简写形式，默认值为 row nowrap

属　性　名	属性说明
justify-content	定义项目在主轴上的对齐方式。有 5 种取值，具体对齐方式还与轴的方向有关。假定主轴方向为从左到右，取值及含义说明如下。 ● flex-start（默认值）：左对齐 ● flex-end：右对齐 ● center：居中对齐 ● space-between：两端对齐，项目之间的间隔相等 ● space-around：每个项目两侧的间隔相等。所以，项目之间的间隔比项目与边框的间隔大一倍
align-items	定义项目在交叉轴上如何对齐。有 5 种取值，具体对齐方式还与交叉轴的方向有关，假定交叉轴方向为从上到下，取值及含义说明如下。 ● flex-start：交叉轴的起点对齐 ● flex-end：交叉轴的终点对齐 ● center：交叉轴的中点对齐 ● baseline：项目的第一行文字基线对齐 ● stretch：默认值，如果项目未设置高度或设为 auto，将占满整个容器的高度
align-content	定义有多根轴线的对齐方式（如果项目只有一根轴线，该属性不起作用），属性取值及含义说明如下。 ● flex-start：与交叉轴的起点对齐 ● flex-end：与交叉轴的终点对齐 ● center：与交叉轴的中点对齐 ● space-between：与交叉轴两端对齐，轴线之间的间隔平均分布 ● space-around：每根轴线两侧的间隔都相等。所以，轴线之间的间隔比轴线与边框的间隔大一倍 ● stretch：默认值，轴线占满整个交叉轴

7.4.3　项目属性

项目是容器的内容，弹性布局的目的是布局项目，项目布局属性如表 7-4 所示。

表 7-4　项目布局属性

属　性　名	属性说明
order	定义项目的排列顺序。数值越小，排列越靠前，默认为 0
flex-grow	定义项目的放大比例，取值及含义说明如下： ● 默认为 0，即使存在剩余空间，也不放大 ● 若所有项目的 flex-grow 属性都设为 1，则项目将等分剩余空间 ● 若一个项目的 flex-grow 属性为 2，其他项目都为 1，则前者占据的剩余空间将比其他项多一倍
flex-shrink	定义项目的缩小比例，负值对该属性无效，取值及含义说明如下： ● 默认为 1，如果空间不足，该项目将缩小 ● 若所有项目的 flex-shrink 属性都为 1，当空间不足时，都将等比例缩小 ● 若一个项目的 flex-shrink 属性为 0，其他项目都为 1，则空间不足时，前者不缩小，其他项目等比例缩小

续表

属　性　名	属性说明
flex-basis	定义在分配多余空间之前，项目占据的主轴空间（main size）。浏览器根据这个属性计算主轴是否有多余空间，取值及含义说明如下： ● 默认值为 auto，即项目的本来大小 ● 设为与 width 或 height 属性一样的值，则项目将占据固定空间
flex	是 flex-grow、flex-shrink 和 flex-basis 的简写，因为浏览器会推算相关值，建议优先使用这个属性，而不是单独写三个分离的属性。取值及含义说明如下： ● 默认值为 0 1 auto ● 有两个快捷值：auto（1 1 auto）和 none（0 0 auto）
align-self	设置单个项目的对齐方式。允许单个项目设置与其他项目不一样的对齐方式，设置后覆盖 align-items 属性。默认值为 auto，表示继承父元素的 align-items 属性。如果没有父元素，等同于 stretch。 属性有 6 种取值（align-self: auto | flex-start | flex-end | center | baseline | stretch;），除 auto 外，其他值与 align-items 属性取值及含义一样

【例 7-10】用弹性布局将容器宽度均等分为三份，运行效果如图 7-12 所示。

图 7-12　均等分页面

```
<html>
    <head>
        <meta charset="utf-8">
        <title>均等分页面</title>
        <style>
            #main {
                /* 设置元素大小,外边距 */
                margin: auto;
                width: 80%;
                height: 100px;
                /* 设置元素边框宽度为1px,黑色实线 */
                border: 1px solid black;
                /* 设置元素弹性布局显示 */
                display: flex;
            }
            #main div {
                /* 设置弹性布局项目缩放比例 */
                flex: 1;
            }
        </style>
    </head>
    <body>
```

```
        <div id="main">
            <div style="background-color:coral;">红色 div</div>
            <div style="background-color:lightblue;">蓝色 div</div>
            <div style="background-color:lightgreen;">绿色 div</div>
        </div>
    </body>
</html>
```

【例 7-11】用弹性布局修改"用户登录"界面设计，显示效果如图 7-13 所示。

图 7-13　"用户登录"界面

```
<html>
    <head>
        <meta charset="utf-8" />
        <title>用户登录</title>
        <style>
            .form-row {
                /* 设置元素大小与内、外边距 */
                width: 80%;
                padding: 10px, 0;
                margin: auto;
                margin-top: 5px;
                /* 设置元素弹性布局显示 */
                display: flex;
                margin: auto;
                margin-top: 5px;
            }
            .form-row label {
                /* 将元素转换为行内块元素 */
                display: inline-block;
                /* 设置元素宽度 60px,右内边距 10px */
                padding-right: 10px;
                width: 60px;
            }
            .form-row input {
                /* 设置弹性布局项目缩放比例 */
                flex: 1;
            }
        </style>
    </head>
    <body>
        <form method="get">
            <div class="form-row">
                <label for="name">用户名</label>
```

```
                <input type="text" id="name" />
            </div>
            <div class="form-row">
                <label for="password">密码</label>
                <input type="text" id="password" />
            </div>
            <div class="form-row">
                <input type="submit" value="登录">
            </div>
        </form>
    </body>
</html>
```

7.5　任务实施

1. 技术分析

（1）将行内元素转换为块级元素可以设置宽度，使菜单项具有一致的宽度，显示更为美观。

（2）使用弹性布局能够让元素占满剩余空间宽度。

（3）使用伪类加样式设计实现鼠标悬停效果。

2. 实施

编写代码实现网页。

```
<html>
    <head>
        <meta charset="utf-8">
        <title>网页布局示例</title>
        <style>
            * {
                /* 元素边框计算在元素尺寸中 */
                box-sizing: border-box;
            }
            img {
                /* 设置徽标图片尺寸 */
                width: 205px;
                height: 36px;
                padding-top: 15px;
            }
            .topmenu {
                /* 设置菜单边距与背景 */
                margin: 5px 0px;
                padding: 5px;
                background-color: #87CEEB;
```

```css
    }
    .topmenu a {
        /* 将行内元素转换为行内块元素 */
        display: inline-block;
        /* 设置元素文本白色,居中对齐, 内边距16px */
        color: white;
        text-align: center;
        padding: 16px;
        /* 去掉超链接元素默认样式,不显示下划线 */
        text-decoration: none;
    }
    .topmenu a:hover {
        /* 设置鼠标悬停于超链接元素上的元素背景色 */
        background-color: #2196F3;
    }
    .main {
        /* 设置元素宽度 */
        width: 100%;
        /* 设置元素弹性布局显示 */
        display: flex;
    }
    .main .content {
        /* 设置弹性布局项目缩放比例为1, 占满剩余空间*/
        flex: 1;
    }
    .sidemenu {
        /* 设置左侧菜单固定宽度 */
        width: 170px;
    }
    .sidemenu ul {
        /* 去掉列表元素默认样式,不显示项目符号 */
        list-style-type: none;
        margin: 0;
        padding: 0;
    }
    .sidemenu li {
        /* 设置元素边距与背景 */
        margin: 5px 10px 5px 0px;
        background-color: #87CEEB;
    }
    .sidemenu li:hover {
        /* 设置鼠标悬停超链接背景色*/
        background-color: #2196F3;
    }
    .sidemenu li a {
        /* 去掉超链接元素默认样式,不显示下划线 */
        text-decoration: none;
        /* 将行内元素转换为块元素 */
        display: inline-block;
        width: 120px;
        /* 设置元素边距与前景色 */
```

```
                margin-bottom: 4px;
                margin-right: 0px;
                padding: 8px;
                color: white;
            }
        span {
                display: inline-block;
                width: 20px;
                /* 设置元素内外边距与前景色 */
                margin: 4px 5px 4px 0px;
                padding: 8px;
                color: white;
            }
        .header {
                /* 设置元素文本居中对齐,前景色与背景色 */
                background-color: #DDA0DD;
                color: white;
                text-align: center;
                /* 设置元素内边距为 15px */
                padding: 15px;
            }
        .footer {
                /* 设置元素文本居中对齐,前景色与背景色 */
                background-color: #87CEEB;
                color: white;
                text-align: center;
                /* 设置元素内边距为 5px */
                padding: 5px;
            }
    </style>
</head>
<body>
    <div class="topmenu">
        <img src="./img/华为商城.png">
        <a href="#a1">华为专区</a>
        <a href="#a2">智能家居</a>
        <!-- 类似设计，省略 -->
    </div>
    <div class="main">
        <div class="sidemenu">
            <ul>
                <li>
                    <a href="#flight">手机</a>
                    <span>&gt;</span>
                </li>
                <li>
                    <a href="#city">智能穿戴</a>
                    <span>&gt;</span>
                </li>
                <!-- 类似设计，省略 -->
            </ul>
```

```
        </div>
        <div class="content">
            <div class="header">
                <h1>一生万物 万物归一</h1>
            </div>
            <br>
            <p style="text-indent: 2em;">HarmonyOS 是新一代的智能操作......</p>
            <h1 align="center">HarmonyOS 新成员</h1>
        </div>
    </div>
    </div>
    <div class="footer">
        <p>华为集团</p>
    </div>
    </body>
</html>
```

［本章小结］

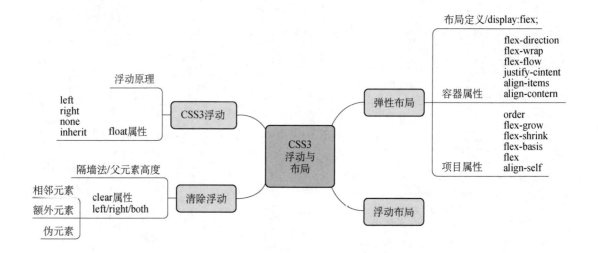

7.6　习题与项目实战

1．以下哪个不可以作为 float 属性的取值？（　　）

A．left　　　　　　　B．center　　　　　　C．right　　　　　　D．none

2．以下哪个不可以作为 clear 属性的取值？（　　）

A．left　　　　　　　B．center　　　　　　C．right　　　　　　D．both

3．以下关于弹性布局的说法哪个是正确的？（　　）

A．弹性布局可以实现自适应布局，浮动布局不能

B．通过将 display 属性值设置为 flex 定义元素布局为弹性布局

C．元素弹性布局中 flex 属性值必须设置

D．弹性布局元素默认换行

4．以下关于清除浮动的说法哪个是正确的？（　　　）

A．只能使用 clear 属性清除浮动对元素的影响

B．隔墙法清除浮动时父级元素的高度必须和浮动元素一样

C．伪元素清除浮动是额外元素清除浮动的一种应用

D．使用 clear 属性清除浮动时必须将 clear 属性设置在待清除浮动影响的元素上

5．将 justify-content 属性设置为以下哪个值可以使元素分散对齐？（　　　）

A．center　　　　　　B．justify　　　　　　C．space-between　　　　D．space-between

6．弹性布局中，以下哪个不是容器的属性？（　　　）

A．justify-content　　B．align-items　　　C．flex　　　　　　　D．flex-wrap

7．弹性布局中，以下哪个不是项目的属性？（　　　）

A．order　　　　　　B．flex　　　　　　　C．align-self　　　　　D．align-items

8．以下关于 flex 说法正确的是（　　　）。

A．flex 属性用于指定弹性子元素如何分配空间

B．flex:1 应该写在弹性元素上

C．设置 flex:1 无意义

D．flex 是指设置固定位置

扫一扫 7-6，
作业 7-9
参考代码

9．某数据监控系统的运行界面如图 7-14 所示，请分析其界面布局，并用浮动盒子进行布局设计。

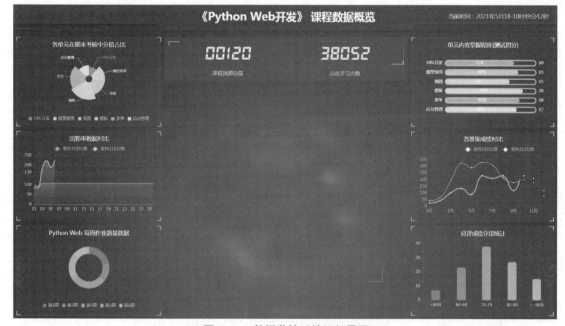

图 7-14　数据监控系统运行界面

提示：分析可以发现这是一个三行的界面。第二行有三列，第一列有三行，第二列有一

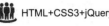

行，第三列有三行，第一行和最后一行只有一列。抽象后界面效果如 7-15 所示。

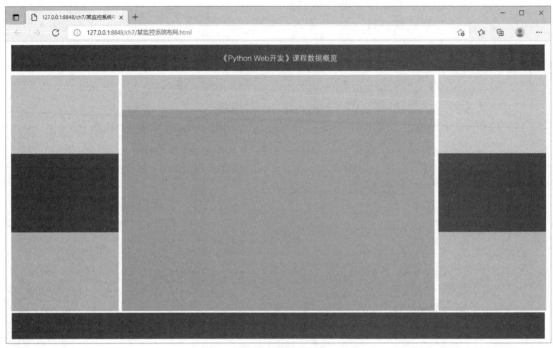

图 7-15   数据监控系统布局图

第 8 章 **CSS3 转换与动画**

动画效果在网页设计中使用非常广泛，本章介绍动画基础元素转换、过渡动画与幽灵按钮、animation 动画与轮播广告设计等。

[**本章学习目标**]

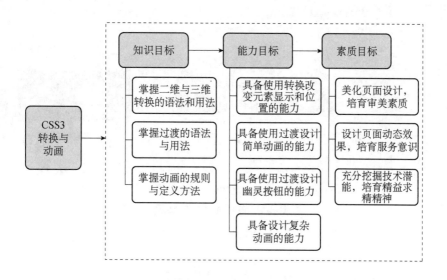

8.1 工作任务 8 轮播广告动画设计

为工作任务 6 增加动画效果，运行效果如图 8-1 所示，具有如下功能。

（1）能够轮播三张广告图像，图 8-1（a）和图 8-1（b）为其中的两张图像。

（2）底部水平线指示标志能够指示对应的广告图像，分别如图 8-1（a）和图 8-1（b）所示。

（3）左右小于/大于号起始白色，鼠标悬停变为红色，分别如图 8-1（a）和图 8-1（b）所示。

扫一扫 8-1,
工作任务 8
运行效果

（a）第 3 幅广告

（b）第 1 幅广告，鼠标悬停

图 8-1　首页轮播广告展示

8.2　浏览器前缀

转换、过渡、动画都是 CSS3 的样式属性，早期浏览器对 CSS3 属性的支持程度不同，需要带浏览器的前缀才能支持，表 8-1 列出了浏览器与前缀值的对应关系。

表 8-1　浏览器与属性前缀

前缀值	对应浏览器
-ms-	IE 浏览器
-moz-	Firefox 浏览器
-o-	Opera 浏览器
-webkit-	Chrome 和 Safari 浏览器

考虑到篇幅限制，在不做特别说明的情况下本书给出基于 Chrome 和 Safari 浏览器的代码。

8.3　转换

CSS3 使用转换属性定义元素的移动、缩放、转动、拉长或拉伸，语法格式如下：

```
transform:transform-functions;
```

参数 transform-functions 定义向元素使用的二维（2D）或三维（3D）转换函数，详见 8.3.1 节和 8.3.2 节说明。

CSS3 允许设置转换元素的基点位置，也即改变被转换元素的位置。2D 转换能够改变元素 X、Y 轴。3D 转换还能改变元素 Z 轴。使用 transform-origin 属性设置元素的基点位置，语法格式如下：

```
transform-origin: x-axis y-axis z-axis;
```

参数取值及含义如表 8-2 所示。

表 8-2　transform-origin 属性

参数	取值	描述
x-axis	left、center、right、length、%	定义视图被置于 X 轴的何处
y-axis	top、center、bottom、length、%	定义视图被置于 Y 轴的何处
z-axis	length	定义视图被置于 Z 轴的何处

8.3.1　二维转换

CSS 二维转换函数如表 8-3 所示。

表 8-3　二维转换函数

函数名	函数说明
matrix(n,n,n,n,n,n)	定义 2D 转换，使用 6 个值的矩阵
translate(x,y)	定义 2D 转换，沿着 X 和 Y 轴移动元素
translateX(n)	定义 2D/3D 转换，沿着 X 轴移动元素
translateY(n)	定义 2D/3D 转换，沿着 Y 轴移动元素
scale(x,y)	定义 2D 缩放转换，参数 x 用于定义元素宽度的缩放比例，参数 y 用于定义元素高度的缩放比例，取值为负值表示反转元素后缩放
scaleX(n)	定义 2D/3D 缩放转换，参数 n 用于定义元素宽度的缩放比例，取值为负值表示反转元素后缩放

续表

函数名	函数说明
scaleY(n)	定义 2D/3D 缩放转换，参数 n 用于定义元素高度的缩放比例，取值为负值表示反转元素后缩放
rotate(angle)	定义 2D 旋转，参数 angle 为正值定义顺时针旋转的角度，为负值定义逆时针旋转的角度，单位为 deg，表示度
skew(x-angle,y-angle)	定义 2D 倾斜转换，沿着 X 和 Y 轴包含两个参数值，分别表示 X 轴和 Y 轴倾斜的角度，如果第二个参数为空，则默认为 0，参数为负值表示向相反方向倾斜
skewX(angle)	定义 2D 倾斜转换，定义元素在 X 轴的倾斜角度
skewY(angle)	定义 2D 倾斜转换，定义元素在 Y 轴的倾斜角度

【例 8-1】使用转换函数设计如图 8-2 所示的图像造型排列。

图 8-2　图像造型排列

```html
<html>
    <head>
        <meta charset="UTF-8">
        <title>图像造型</title>
        <style>
            img {
                /* 设置图像的大小 */
                width: 290px;
                height: 200px;
            }
            body {
                margin: 30px;
                background-color: #E9E9E9;
            }
            .main {
                width: 650px;
                margin: auto;
            }
            div.polaroid {
                /* 设置图像包围盒与图像一样大小 */
```

```
            width: 290px;
            height: 240px;
            /* 设置上右下左内边距分别为 10px 10px 20px 10px */
            padding: 10px 10px 20px 10px;
            /* 设置边框 */
            border: 1px solid #BFBFBF;
            background-color: white;
            /* 设置图像包围盒阴影，增加美观度 */
            box-shadow: 2px 2px 3px #aaaaaa;
        }
        div.rotate_left {
            /* 包围左边图像盒子左浮动 */
            float: left;
            /* 针对不同浏览器顺时针旋转 7 度 */
            -ms-transform: rotate(7deg);
            /* IE 9 */
            -moz-transform: rotate(7deg);
            /* Firefox */
            -webkit-transform: rotate(7deg);
            /* Safari and Chrome */
            -o-transform: rotate(7deg);
            /* Opera */
            transform: rotate(7deg);
        }
        div.rotate_right {
            /* 包围右边图像盒子左浮动 */
            float: left;
            /* 针对不同浏览器逆时针旋转 8 度 */
            -ms-transform: rotate(-8deg);
            /* IE 9 */
            -moz-transform: rotate(-8deg);
            /* Firefox */
            -webkit-transform: rotate(-8deg);
            /* Safari and Chrome */
            -o-transform: rotate(-8deg);
            /* Opera */
            transform: rotate(-8deg);
        }
        p {
            /* 文本居中对齐 */
            text-align: center;
        }
    </style>
</head>
<body>
    <div class="main">
        <div class="polaroid rotate_left">
            <img src="img/不忘初心.jpg" />
            <p class="caption">不忘初心牢记使命</p>
        </div>
        <div class="polaroid rotate_right">
```

```
            <img src="img/牢记使命.jpg" />
            <p class="caption">不忘初心牢记使命</p>
        </div>
    </div>
    </body>
</html>
```

【例 8-2】基于例 5-6 的形状绘制，使用转换函数绘制一颗如图 8-3 所示的红心。

图 8-3   红心绘制

```
<html>
    <head>
        <meta charset="UTF-8">
        <title>一颗红心</title>
        <style>
            * {
                margin: 0;
                padding: 0;
            }
            body {
                background-color: #1a1c24;
            }
            #heart {
                /* 设置元素固定定位 */
                position: fixed;
                /* 从左往右偏移 100px，从上往下偏移 100px */
                left: 100px;
                top: 100px;
                /* 针对 Chrome 和 Safari 浏览器缩小到 0.95 倍大 */
                -webkit-transform: scale(0.95);
            }

            /* 设置两个伪元素 */
            #heart:before,#heart:after {
                /* 伪元素内容为空 */
                content: "";
```

```
            /* 绝对定位 */
            position: absolute;
            /* 伪元素宽 150px,高 240px */
            width: 150px;
            height: 240px;
            /* 伪元素背景色为红色 */
            background-color: red;
            /* 伪元素左上和右上角为圆角 */
            border-radius: 150px 150px 0 0;
            /* 伪元素逆时针旋转 45 度, 心的左半瓣 */
            -webkit-transform: rotate(-45deg);
            /* 定义旋转的中心点*/
            -webkit-transform-origin: 0 100%;
        }
        #heart:before {
            /* 元素前面伪元素左移元素宽度 150px */
            left: 150px;
        }
        #heart:after {
            /* 元素后面伪元素位置不变 */
            left: 0;
            /* 利用样式的层叠性设置伪元素顺时针旋转 45 度, 心的右半瓣 */
            -webkit-transform: rotate(45deg);
            /* 定义旋转的中心点*/
            -webkit-transform-origin: 100% 100%;
        }
    </style>
</head>
<body>
    <!-- 生成 2 个伪元素的盒子, 本身不显示 -->
    <div id="heart"></div>
</body>
</html>
```

8.3.2　三维转换

CSS 三维转换有一些专用的转换属性, 属性取值及含义如表 8-4 所示。

表 8-4　三维转换属性

属性名	属性说明
transform-style	规定被嵌套元素如何在 3D 空间中显示。属性取值及含义说明如下。 ● flat: 子元素将不保留其 3D 位置 ● preserve-3d: 子元素将保留其 3D 位置
perspective	定义 3D 元素距离视图的距离, 以像素计。为元素定义 perspective 属性后其子元素会获得透视效果, 而不是元素本身。属性取值及含义说明如下。 ● number: 元素距离视图的距离, 以像素计 ● none: 默认值, 等价于 0, 不设置透视效果

续表

属性名	属性说明
perspective-origin	基于 X 轴和 Y 轴定义 3D 元素的底部位置，为元素定义 perspective-origin 属性后其子元素会获得透视效果，而不是元素本身。属性取值及含义说明如下。 ● 参数 x-axis 定义视图在 x 轴上的位置。默认值为 50%，可以取 left、center、right、length、%等值 ● 参数 y-axis 定义视图在 y 轴上的位置。默认值为 50%，可以取 top、center、bottom、length、%等值
backface-visibility	定义元素不面对屏幕时是否可见。属性取值及含义说明如下。 ● visible：背面是可见的 ● hidden：背面是不可见的

除了表 8-3 列出的一些 2D/3D 通用转换函数外，CSS 三维转换还有一些专用的函数，如表 8-5 所示。

表 8-5　三维转换函数

函数名	函数说明
matrix3d(n,n,n,n,n,n,n,n,n,n,n,n,n,n,n,n)	定义 3D 转换，使用 16 个值的 4×4 矩阵
translate3d(x,y,z)	定义 3D 转换，沿着 X 轴、Y 轴、Z 轴移动元素
translateZ(z)	定义 3D 转换，沿着 Z 轴移动元素
scale3d(x,y,z)	定义 3D 缩放转换，参数 x 用于定义元素宽度的缩放比例，参数 y 用于定义元素高度的缩放比例，参数 z 用于定义元素 Z 轴的缩放比例，取值为负值表示反转元素后缩放
scaleZ(z)	定义 3D 缩放转换，沿着 Z 轴缩放，取值为负值表示反转元素后缩放
rotate3d(x,y,z,angle)	定义 3D 旋转
rotateX(angle)	定义沿 X 轴的 3D 旋转
rotateY(angle)	定义沿 Y 轴的 3D 旋转
rotateZ(angle)	定义沿 Z 轴的 3D 旋转
perspective(n)	定义 3D 转换元素距离视图的距离

【例 8-3】使用三维转换函数，使盒子绕 X 轴旋转一个角度，显示效果如图 8-4 所示。

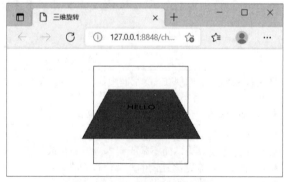

图 8-4　沿 X 轴的三维旋转

```html
<html>
    <head>
        <meta charset="utf-8">
        <title>三维旋转</title>
        <style>
            /* 外框盒子样式定义 */
            #div1 {
                /* 相对定位 */
                position: relative;
                /* 宽 150px,高 150px 的方盒子 */
                height: 150px;
                width: 150px;
                /* 上右下左外边距分别为 30px 10px 20px 150px */
                margin: 30px 10px 20px 150px;
                /* 内边距都是 10px */
                padding: 10px;
                /* 边框宽度为 1px,黑色实线 */
                border: 1px solid black;
                /* 三位转换透视点的位置 */
                -webkit-perspective: 150;
            }
            /* 内部红色字盒子样式定义 */
            #div2 {
                /* 内边距 50px */
                padding: 50px;
                /* 绝对定位 */
                position: absolute;
                /* 边框宽度为 1px,黑色实线 */
                border: 1px solid black;
                /* 红色背景 */
                background-color: red;
                /* 沿 X 轴三维旋转 45 度 */
                -webkit-transform: rotateX(45deg);
            }
        </style>
    </head>
    <body>
        <div id="div1">
            <div id="div2">HELLO</div>
        </div>
    </body>
</html>
```

8.4　过渡

8.4.1　过渡定义

过渡能够在给定的时间内平滑地改变元素的属性值，因此，给元素设置过渡属性能够实现动画的效果。定义一个过渡有两个必要要素，即过渡要改变的元素 CSS 属性和效果的持续时间。

1．transition-property 属性

CSS3 使用 transition-property 属性规定元素应用过渡效果的属性名称，有以下取值。
- none：没有属性会获得过渡效果。
- all：默认值，所有属性都将获得过渡效果。
- property：规定元素应用过渡效果的属性名称列表，列表以逗号进行分隔。

2．transition-duration 属性

CSS3 使用 transition-duration 属性规定元素完成过渡效果需要花费的时间。取值为以秒或毫秒为单位的数值。默认值为 0，表示没有过渡效果。

3．transition-timing-function 属性

CSS3 使用 transition-timing-function 属性规定元素过渡效果的速度曲线，取值及含义如下。
- linear：规定以相同速度开始至结束的过渡效果，等于 cubic-bezier(0,0,1,1)。
- ease：规定慢速开始，再变快，然后慢速结束的过渡效果，等于 cubic-bezier (0.25,0.1,0.25,1)，是默认的过渡时间函数。
- ease-in：规定以慢速开始的过渡效果，等于 cubic-bezier(0.42,0,1,1)。
- ease-out：规定以慢速结束的过渡效果，等于 cubic-bezier(0,0,0.58,1)。
- ease-in-out：规定以慢速开始和结束的过渡效果，等于 cubic-bezier(0.42,0,0.58,1)。
- cubic-bezier(n,n,n,n)：在 cubic-bezier 函数中自定义速度曲线。

4．transition-delay 属性

CSS3 使用 transition-delay 属性规定元素过渡效果开始之前需要等待的时间，取值为以秒或毫秒为单位的数值。默认值为 0，表示过渡立即开始。

5．过渡属性简写

CSS3 用 transition 属性将 4 个过渡属性简写为单一属性，一般按照过渡涉及元素属性

名、过渡完成花费时间、时间曲线、过渡延迟时间的顺序依次设置属性值。例如，设置一个针对元素的宽度属性，用 2 秒完成，过渡效果的代码如下：

```
transition: width 2s;
```

可以对元素的多个属性分别设置过渡的效果，过渡列表用逗号进行分隔。例如，设置一个针对元素宽度属性用 2 秒完成、高度属性用 3 秒完成，过渡效果的代码如下：

```
transition: width 2s, height 3s;
```

8.4.2　过渡触发机制

过渡涉及元素同一属性初始和结束两个取值，初始值设置在元素上，结束值一般设置在元素的某一个状态上（也即元素伪类上），最常用的元素状态（伪类）是鼠标悬停状态（hovor 伪类）。将元素属性结束值设置在元素指定状态是过渡触发的条件，称为过渡的触发机制。

 过渡是元素本身的属性，所以过渡属性应定义在元素上，不要定义在触发过渡的元素伪类上，否则会出现意想不到的结果。

【例 8-4】使用过渡使鼠标悬停到盒子上时，盒子在 2 秒内宽度和高度都增加 50px，颜色由黄色变为红色，运行效果如图 8-5 所示。

（a）元素初始状态

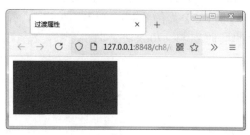
（b）过渡到最终状态

图 8-5　元素属性过渡

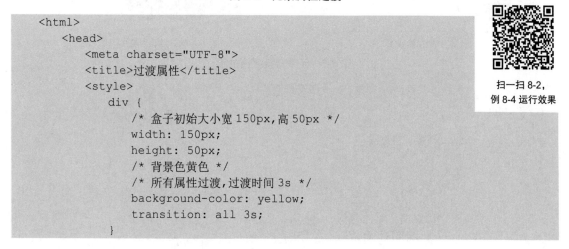

扫一扫 8-2，
例 8-4 运行效果

```html
<html>
    <head>
        <meta charset="UTF-8">
        <title>过渡属性</title>
        <style>
            div {
                /* 盒子初始大小宽 150px,高 50px */
                width: 150px;
                height: 50px;
                /* 背景色黄色 */
                /* 所有属性过渡,过渡时间 3s */
                background-color: yellow;
                transition: all 3s;
            }
```

```
        /* 鼠标悬停 */
        div:hover {
            /* 盒子大小变为宽 200px,高 100px */
            width: 200px;
            height: 100px;
            /* 背景色变为红色 */
            background-color: red;
        }
    </style>
</head>
<body>
    <div></div>
</body>
</html>
```

8.4.3 具有默认初始值的属性过渡

过渡实现动画效果基于元素属性值的改变,如果元素设置了初始属性值,就从初始属性值改变到终止值,如果未设置初始属性值,就从元素的默认或继承属性值改变到终止值。

元素转换、定位等属性有默认初始值,用作过渡属性时可以不设置属性初始值,仅设置属性的终止值就可以实现过渡效果。

【例 8-5】为例 8-4 的盒子增加文字,并增加转换属性设置过渡,使盒子变宽的同时右移 170px,延时 2 秒后文字在 1 秒内变大,运行效果如图 8-6 所示。

扫一扫 8-3,
例 8-5 运行效果

（a）元素初始状态

（b）过渡到最终状态

图 8-6 元素转换属性过渡

```
<html>
    <head>
        <meta charset="UTF-8">
        <title>转换属性过渡</title>
        <style>
            div {
                /* 盒子宽 150px,高 140px */
                width: 150px;
                height: 140px;
                /* 设置盒子背景色 */
```

```
            background-color: #98bf21;
            /* 宽度动画 3 秒完成,转换动画 3 秒完成,字号延迟 2 秒 1 秒完成 */
            transition: width 3s,transform 3s,font-size 1s 2s;
        }

        /* 鼠标悬停 */
        div:hover {
            /* 宽度 230px */
            width: 230px;
            /* 水平平移 170px */
            transform: translateX(170px);
            /* 字号放大 */
            font-size: 5em;
        }
    </style>
</head>
<body>
    <div>jQuery</div>
</body>
</html>
```

【例 8-6】编写代码用过渡实现 w3school 首页动画效果，使用转换功能使文字实现翻转效果，运行结果如图 8-7 所示。

（a）元素初始状态

（b）过渡到最终状态

图 8-7　过渡与文字翻转

```
<html>
    <head>
        <meta charset="UTF-8">
        <title>文字翻转</title>
        <style>
            div {
                /* 设置盒子初始宽 150px,高 90px */
                width: 150px;
                height: 90px;
                /* 设置元素背景色和 5px 的圆角 */
                background-color: yellow;
                border-radius: 5px;
                /* 所有属性 1 秒完成动画 */
                transition: all 1s;
            }
            div:hover {
                /* 元素背景颜色变化 */
```

扫一扫 8-4,
例 8-6 运行效果

```
                background-color: aqua;
                /* 顺时针旋转 180 度 */
                transform: rotate(180deg);
            }
        </style>
    </head>
    <body>
        <div>
            <h1>CSS3</h1>
            <h4>过渡</h4>
        </div>
    </body>
</html>
```

8.4.4　幽灵按钮

按钮是网页设计中使用非常广泛的一个元素，使用过渡属性可以使按钮具有魔幻的显示
效果，称为幽灵按钮。

1. 背景变换的按钮

使用过渡能够实现按钮背景柔和切换的效果。

【例 8-7】使用过渡修改按钮的背景色，使鼠标悬停时按钮背景色柔和切
换，运行结果如图 8-8 所示。

扫一扫 8-5，
例 8-7 运行效果

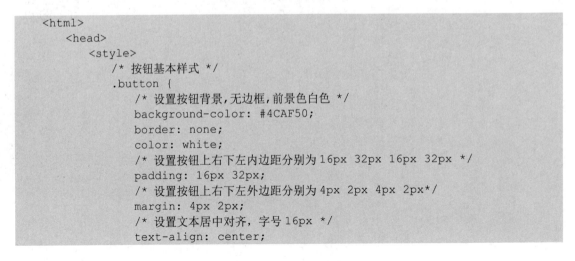

（a）初始按钮　　　　　　　（b）鼠标悬停绿色按钮　　　　　　　（c）鼠标悬停灰色按钮

图 8-8　背景色变化的按钮

```
<html>
    <head>
        <style>
            /* 按钮基本样式 */
            .button {
                /* 设置按钮背景，无边框，前景色白色 */
                background-color: #4CAF50;
                border: none;
                color: white;
                /* 设置按钮上右下左内边距分别为16px 32px 16px 32px */
                padding: 16px 32px;
                /* 设置按钮上右下左外边距分别为4px 2px 4px 2px*/
                margin: 4px 2px;
                /* 设置文本居中对齐，字号16px */
                text-align: center;
```

```
        font-size: 16px;
        /* 设置动画 0.4 秒完成 */
        transition-duration: 0.4s;
        /* 设置小手鼠标 */
        cursor: pointer;
    }
    .button1 {
        /* 设置左边按钮背景白色，字体黑色 */
        background-color: white;
        color: black;
        /* 设置绿色边框 */
        border: 2px solid #4CAF50;
    }
    .button1:hover {
        /* 鼠标悬停左边按钮背景色和前景色变化 */
        background-color: #4CAF50;
        color: white;
    }
    .button2 {
        /* 设置右边按钮背景白色，字体黑色 */
        background-color: white;
        color: black;
        /* 设置灰色边框 */
        border: 2px solid #e7e7e7;
    }
    .button2:hover {
        /* 鼠标悬停右边按钮背景色变化 */
        background-color: #e7e7e7;
    }
    </style>
</head>
<body>
    <button class="button button1">绿色</button>
    <button class="button button2">灰色</button>
</body>
</html>
```

2. 边框变换的按钮

使用元素定位属性，基于过渡延迟功能能够实现按钮边框幽灵切换的效果。

【例 8-8】参考例 8-7 过渡按钮的背景色，背景颜色变化结束时，对元素定位属性使用过渡，使按钮的边框出现流动的动态效果，运行结果如图 8-9 所示。

（a）初始显示

（b）鼠标悬停显示

扫一扫 8-6，
例 8-8 运行效果

图 8-9　背景色与边框变化的按钮

```html
<html>
    <head>
        <meta charset="utf-8">
        <title>幽灵按钮</title>
        <style>
            * {
                margin: 0;
                padding: 0;
            }
            #box {
                /* 定义按钮的初始样式,包括背景色,字体及对齐方式 */
                width: 200px;
                height: 100px;
                background: dodgerblue;
                color: white;
                font-size: 32px;
                font-weight: bold;
                text-align: center;
                line-height: 100px;
                margin: 100px auto;
                /* 按钮是父级控件,定义相对定位 */
                position: relative;
                /* 定义按钮的动画 */
                transition: 1s all linear;
            }
            #border_top {
                /* 上边框,宽度从 0 开始 */
                width: 0;
                height: 10px;
                /* 绝对定位,宽度从左往右变化 */
                position: absolute;
                left: 0;
                top: 0;
                /* 动画时间 1 秒 */
                transition: 1s;
            }
            #border_bottom {
                /* 下边框,宽度从 0 开始 */
                width: 0;
                height: 10px;
                /* 绝对定位,宽度从右往左变化 */
                position: absolute;
                right: 0;
                bottom: 0;
                /* 动画时间 1 秒 */
                transition: 1s;
            }
            #border_left {
                /* 左边框,高度从 0 开始 */
                width: 10px;
                height: 0;
```

```
                        /* 绝对定位,高度从下往上变化 */
                        position: absolute;
                        left: 0;
                        bottom: 0;
                        /* 动画时间 1 秒, 延迟 1 秒后开始（左右边框变化完毕）*/
                        transition: 1s 1s;
                    }
                    #border_right {
                        /* 右边框,高度从 0 开始 */
                        width: 10px;
                        height: 0;
                        /* 绝对定位,高度从上往下变化 */
                        position: absolute;
                        right: 0;
                        top: 0;
                        /* 动画时间 1 秒, 延迟 1 秒后开始（左右边框变化完毕）*/
                        transition: 1s 1s;
                    }
                    #box:hover {
                        /* 背景色透明,前景色蓝色 */
                        background: transparent;
                        color: dodgerblue;
                    }
                    #box:hover #border_top,#box:hover #border_bottom {
                        /* 宽度变到 200px,背景变色 */
                        width: 200px;
                        background: dodgerblue;
                    }
                    #box:hover #border_left,#box:hover #border_right {
                        /* 高度变到 200px,背景变色 */
                        background: dodgerblue;
                        height: 100px;
                    }
            </style>
        </head>
        <body>
            <div id="box">
                <div id="border_top"></div>
                <div id="border_left"></div>
                HTML5
                <div id="border_bottom"></div>
                <div id="border_right"></div>
            </div>
        </body>
    </html>
```

3. 出现箭头的按钮

使用元素定位属性,基于过渡能够实现鼠标悬停在按钮上时在按钮一侧出现箭头的效果。

【例 8-9】对元素定位属性使用过渡，使鼠标悬停于按钮时在按钮右侧出现一个箭头，运行效果如图 8-10 所示。

箭头按钮   箭头按钮 »

（a）初始显示   （b）鼠标悬停显示

图 8-10　带箭头的按钮

```html
<html>
    <head>
        <style>
            /* 设置按钮基本样式 */
            .button {
                /* 4px 圆角边框 */
                border-radius: 4px;
                /* 无边框线 */
                border: none;
                /* 背景色与前景色 */
                background-color: #f4511e;
                color: #FFFFFF;
                /* 文本居中对齐,字号 28px */
                text-align: center;
                font-size: 28px;
                /* 所有内边距 20px, 所有外边距 5px */
                padding: 20px;
                margin: 5px;
                /* 宽度 200px */
                width: 200px;
                /* 过渡时间 0.5 秒 */
                transition: all 0.5s;
                /* 小手鼠标 */
                cursor: pointer;
            }
            .button span {
                /* 小手鼠标 */
                cursor: pointer;
                /* 转换为行内块元素 */
                display: inline-block;
                /* 相对定位 */
                position: relative;
                /* 过渡时间 0.5 秒 */
                transition: 0.5s;
            }
            .button span:after {
                /* 伪元素内容为两个大于号 */
                content: '\00bb';
                /* 绝对定位，顶部无偏移，从右向左偏移-20px（离 span 元素 20px）*/
                position: absolute;
                top: 0;
                right: -20px;
                /* 利用不透明度设置为不可见 */
```

```
                opacity: 0;
                /* 过渡时间 0.5 秒 */
                transition: 0.5s;
            }
            .button:hover span {
                /* 鼠标悬停右内边距变大,span 元素左移(25-20=5px) */
                padding-right: 25px;
            }
            .button:hover span:after {
                /* 伪元素显示,从右向左偏移 0px */
                opacity: 1;
                right: 0;
            }
        </style>
    </head>
    <body>
        <button class="button" style="vertical-align:middle">
            <span>箭头按钮</span>
        </button>
    </body>
</html>
```

8.5　动画

与过渡一样，CSS3 动画能够使元素逐渐从一种样式平滑地变为另一种样式，可以更改任意数量的元素属性。但是，相较于 CSS3 过渡，动画使用关键帧可以为元素指定若干时间点的样式，能够实现的效果更为丰富，能够取代图像动画、Flash 动画以及 JavaScript 在网页中实现动画效果，应用更为广泛。

8.5.1　定义动画关键帧

CSS3 使用@keyframes 规则创建动画关键帧，每一个时间节点一个样式，由若干时间节点的若干样式组成动画的帧。创建语法格式如下：

```
@keyframes animationname {keyframes-selector {css-styles;}}
```

参数 animationname 用于定义动画的名称。

参数 keyframes-selector 用于定义动画的时间节点，是时间节点选择器，取值为时长的百分比数值，取值范围为 0～100%。0%表示动画的开始，100%表示动画的结束。为了得到最佳的浏览效果，应该始终定义 0%和 100%选择器。

参数 keyframes-selector 也可以取 from（等于 0%）与 to（等于 100%）两个值作为时间节点选择器，如果仅设置这两个时间节点，动画效果等价于过渡。

参数 css-styles 用于定义一个或一组合法的元素样式属性。

8.5.2　元素的动画属性

1.　animation-name 属性

CSS3 使用 animation-name 属性规定绑定到元素的 keyframe 规则的名称。该属性必须设置，否则没有动画效果。

2.　animation-delay 属性

CSS3 使用 animation-delay 属性定义动画何时开始，取值为以秒或毫秒为单位的数值。允许取负值，负值表示动画马上开始，但是会跳过数值规定时长的动画。正值用于定义动画开始前等待的时长，默认值为 0，表示立即开始动画。

3.　animation-timing-function 属性

CSS3 使用 animation-timing-function 属性定义动画的速度曲线，也即动画从一套元素样式变为另一套所用的时间，用于使变化更为平滑。取值及含义同过渡中关于速度曲线的定义（transition-timing-function 属性），鉴于篇幅省略。

4.　animation-iteration-count 属性

CSS3 使用 animation-iteration-count 属性定义动画的播放次数，取值及说明如下。
- n：定义动画播放次数的整型数值。
- infinite：规定动画无限次播放。

5.　animation-direction 属性

CSS3 使用 animation-direction 属性定义动画的播放方向，取值及说明如下。
- normal：默认值，动画正向播放，每个循环内动画向前循环，也即动画循环结束重置到起点重新开始。
- alternate：动画交替正反向播放，也即动画在奇数次数（1、3、5 等）正向播放，在偶数次数（2、4、6 等）反向播放。反向播放时，动画按步后退，带时间功能的函数也反向，如 ease-in 在反向时成为 ease-out。
- alternate-reverse：动画反向交替正反向播放。与 alternate 属性值相反，奇数次数反向播放，偶数次数正反向播放。

6.　animation-play-state 属性

CSS3 使用 animation-play-state 属性规定动画的状态，取值及说明如下。
- paused：规定动画暂停。

- running：规定动画播放。

7．animation-duration 属性

与过渡 transition-duration 属性类似，规定动画完成一个周期所需要的时间，取以秒或毫秒为单位的整型值。

8．animation-fill-mode 属性

CSS3 使用 animation-fill-mode 属性规定元素动画时间之外的状态。指定在动画执行之前和之后如何给动画的目标元素应用样式，取值及说明如下。
- none：动画执行前后不改变任何样式。
- forwards：目标保持动画最后一帧的样式。
- backwards：目标使用动画第一帧的样式。
- both：目标执行 forwards 和 backwards 的动作。

9．animation 属性

CSS3 使用 animation 属性简写动画属性，用单一属性设置动画 animation-name、animation-duration、animation-timing-function、animation-delay、animation-iteration-count 和 animation-direction 六个属性的值。语法格式如下：

```
animation: name duration timing-function delay iteration-count direction;
```

不一定要全部设置六个属性值，可以仅设置部分属性值，其中 animation-name 和 animation-duration 两个属性必须设置，其余属性可以使用默认值。

扫一扫 8-8，
例 8-10 完整代码

【例 8-10】用动画修改例 8-6，实现同样的效果。
样式代码修改如下：

```
<style>
    div {
        /* 初始宽度150px,高度 90px */
        width: 150px;
        height: 90px;
        /* 背景色黄色,圆角边框 5px */
        background-color: yellow;
        border-radius: 5px;
    }
    div:hover {
        /* 鼠标悬停 2 秒完成动画 */
        -webkit-animation: mymove 2s;
    }
    @-webkit-keyframes mymove {
        /* 动画起始帧,背景色黄色 */
        from {
            background: yellow;
```

```
        }
        /* 动画结束帧,颜色变化,顺时针旋转180度 */
        to {
            background-color: aqua;
            -webkit-transform: rotate(180deg);
        }
    }
</style>
```

【例 8-11】为例 8-2 增加动画效果，使绘制的心形呈现跳动的动画
效果。

修改例 8-2 中#heart 元素属性值，代码如下：

扫一扫 8-9,
例 8-11 完整代码

```
#heart {
    /* 固定定位 */
    position: fixed;
    /* 距离浏览器窗口左边100px,顶部100px */
    left: 100px;
    top: 100px;
    /* 缩小到0.95倍大小 */
    -webkit-transform: scale(0.95);
    /* 动画名字 */
    -webkit-animation-name: heartbeat;
    /* 动画2秒完成 */
    -webkit-animation-duration: 2000ms;
    /* 动画延迟0.5秒开始 */
    -webkit-animation-delay: 500ms;
    /* 动画持续运行 */
    -webkit-animation-iteration-count:infinite;
}
```

扫一扫 8-10,
例 8-11 运行效果

添加动画关键帧，代码如下：

```
/* 动画在0.95倍与木来大小之间切换 */
@-webkit-keyframes heartbeat {
    /* 起始帧,0.95倍 */
    0% {
        -webkit-transform: scale(0.95);
    }
    50% {
        /* 中间帧,1倍 */
        -webkit-transform: scale(1);
    }
    100% {
        /* 结束帧0.95 */
        -webkit-transform: scale(0.95);
    }
}
```

【例 8-12】用动画设计一个在方框内正反向交替跑动的盒子，当鼠标悬停在盒子上时暂
停跑动，松开后继续跑动，如图 8-11 所示。

扫一扫 8-11，
例 8-12 运行效果

（a）盒子起始位置　　　　　　　　（b）鼠标悬停的某个时刻

图 8-11　在方框内交替跑动的盒子

```html
<html>
    <head>
        <title>过渡动画</title>
        <meta charset="utf-8">
        <style>
            /* 设置盒子运动空间，外盒子 */
            .box {
                width: 600px;
                height: 400px;
                border: 2px solid blue;
            }

            /* 设置运行红色小块样式 */
            .box .main {
                /* 设置大小与背景色 */
                width: 100px;
                height: 100px;
                background-color: red;
                /* 5 秒完成 1 次名字为 translate 的动画，动画方向交替 */
                -webkit-animation: translate 5s linear infinite alternate;
            }
            .box:hover .main {
                /* 鼠标悬停暂停动画 */
                -webkit-animation-play-state: paused;
            }
            @-webkit-keyframes translate {
                /* 起始帧水平垂直无位移 */
                0% {
                    -webkit-transform: translateX(0) translateY(0);
                }
                /* 25%时间点水平平移 500px，正好到右边框 */
                25% {
                    -webkit-transform: translateX(500px) translateY(0);
                }
                /* 50%时间点垂直平移 300px，水平平移 500px，正好到右下角 */
                50% {
                    -webkit-transform: translateX(500px) translateY(300px);
                }
                /* 75%时间点垂直平移 300px，正好到左下角 */
```

```
            75% {
                -webkit-transform: translateX(0) translateY(300px);
            }
            /* 100%时间点回到起点 */
            100% {
                -webkit-transform: translateX(0) translateY(0px);
            }
        }
    </style>
</head>
<body>
    <!-- 外部边框 -->
    <div class="box">
        <!-- 内部跑动的实心盒子 -->
        <div class="main"></div>
    </div>
</body>
</html>
```

8.5.3　动画与过渡的区别与联系

动画与过渡有许多类似的性质，且都能使元素样式呈现动画的效果。但是，二者还存在一些区别，说明如下：

- 过渡只有两个关键帧（对应动画的 0%和 100%时间节点），而动画可以有若干个关键帧，实现的效果更为丰富；
- 动画不需要触发，可以设置执行的方向和次数，可以反复多次执行，而过渡需要触发，如使用鼠标悬停触发，且触发后只能执行一次；
- 动画执行过程中能够暂停，过渡则不可以；
- 动画能够使元素属性在初始值和终止值之间交替变换，过渡则不能。

总体而言，动画的功能更为强大，过渡代码编写更为简单，应根据具体情况选择使用。

8.6　任务实施

1. 技术分析

分析轮播广告动画任务需求，确定关键技术如下：

（1）使用帧动画可以设置多个动画效果，使用帧动画在 6 秒内切换三张背景图像。

（2）底部水平线指示标志为了和广告动画保持一致，动画时长也要设成 6 秒，而且 3 个标志各自使用同样的动画，红色背景持续 1/3 的时间，3 个动画依次间隔 2 秒后启动，确保与广告图像显示有对应关系。

2. 实施

根据技术分析编写代码如下：

```html
<html>
    <head>
        <meta charset="utf-8">
        <title>华为轮播广告</title>
        <style type="text/css">
            * {
                margin: 0;
                padding: 0;
            }
            #box {
                /* 设置包围广告的盒子元素宽度与高度 */
                width: 90%;
                height: 500px;
                /* 广告以背景的方式放在盒子元素容器内，初始第一张广告 */
                background-image: url(img/m1.jpg);
                /* 设置盒子元素容器水平居中对齐 */
                margin: 10px auto;
                /* 设置盒子元素容器相对定位，子绝父相定位之父 */
                position: relative;
                /* 设置动画 5 秒完成，持续动画 */
                animation: imgchange 6s cubic-bezier(0, 0, 0, 1.74) infinite;
            }
            @-webkit-keyframes imgchange {
                /* 起始帧第 1 幅广告图 */
                0% {
                    background-image: url(img/m1.jpg);
                }
                /* 40%时间第 2 幅广告图像 */
                40% {
                    background-image: url(img/m2.jpg);
                }
                /* 70%时间第 3 幅广告图像 */
                70% {
                    background-image: url(img/m3.jpg);
                }
                /* 100%时间回到第 1 幅广告图像 */
                100% {
                    background-image: url(img/m1.jpg);
                }
            }
            .prev,.next {
                /* 设置左右小于大于号指示标志大小 */
                width: 40px;
                height: 45px;
                font-size: 48px;
                /* 设置子绝父相定位子级绝对定位 */
                position: absolute;
```

```
        /* 距离父级顶部 180px，默认距离父级左边为 0 */
        top: 180px;
        /* 设置透明度和颜色 */
        opacity: 0.4;
        color: white;
        /* 设置文本居中对齐,行高 45px,小手鼠标 */
        text-align: center;
        line-height: 45px;
        cursor: pointer;
}
.next {
        /* 样式层叠性定义右侧大于号相对于父级容器盒子右偏移为 0 */
        right: 0;
}
.prev:hover,.next:hover {
        /* 鼠标悬停颜色变红色 */
        color: red;
}
.xy {
        /* 定义广告图像 3 个指示标识容器占位大小 */
        width: 300px;
        height: 20px;
        /* 定义子绝父相定位子级,距离父级底部 30px, 左侧 500px */
        position: absolute;
        bottom: 30px;
        left: 500px;
        /* 文本居中对齐 */
        text-align: center;
}
.xy span {
        /* 行内元素转换为行内块元素，使大小设置有效 */
        display: inline-block;
        /* 定义广告图像每个指示标识大小 */
        width: 70px;
        height: 3px;
        /* 外边距全部 5px */
        margin: 5px;
        /* 背景白色 */
        background-color: white;
        /* 小手鼠标 */
        cursor: pointer;
}
span:first-child {
        /* 每个动画持续 6 秒，与主动画同步时长，第 1 个指示标识延时 500 毫秒，
           后面依次延时 2 秒开始，确保 3 个标识次第开始 */
        animation: spanchange 6s cubic-bezier(0, 0, 0, 1.74) 500ms
                    infinite;
}
span:nth-child(2) {
        /* 第 2 个指示标识延时 2.5 秒开始 */
        animation: spanchange 6s cubic-bezier(0, 0, 0, 1.74) 2500ms
```

```
                    infinite;
        }
        span:last-child {
            /* 第 3 个指示标识延时 4.5 秒开始 */
            animation: spanchange 6s cubic-bezier(0, 0, 0, 1.74) 4500ms
                    infinite;
        }
        @-webkit-keyframes spanchange {
            /* 起始帧保持原来白色背景 */
            0% {
                background-color: white;
            }
            /* 25%时间开始变为红色背景 */
            25% {
                background-color: red;
            }
            /* 红色背景时间持续到 60%时间,正好占整个动画时长的三分之一 */
            60% {
                background-color: white;
            }
            /* 回到白色背景 */
            100% {
                background-color: white;
            }
        }
    </style>
<body>
    <!-- 广告图像容器 -->
    <div id="box">
        <!-- 导航指示标识 -->
        <div class="xy">
            <span></span>
            <span></span>
            <span></span>
        </div>
        <!-- 左右小于大于号指示 -->
        <div class="prev">&lt;</div>
        <div class="next">&gt;</div>
    </div>
</body>
</html>
```

[本章小结]

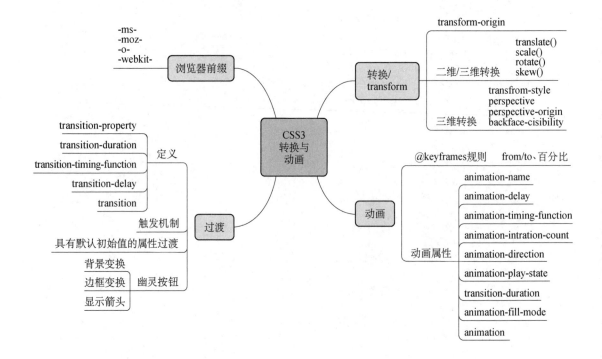

8.7　习题与项目实战

1．设置元素按规定的动画执行使用什么规则？（　　　）

A．animation　　　　　B．keyframes　　　　　C．flash　　　　　　D．transition

2．以下哪条语句可以实现鼠标悬停在 div 元素上时元素有 45° 旋转效果？（　　　）

A．div:hover{transform:rotate(45deg)}

B．div:hover{transform:tanslate(50px)}

C．div:hover{transform:scale(1.5)}

D．div:hover{transform:skew(45deg)};

3．以下哪个属性可以使动画一直执行？（　　　）

A．animation-direction　　　　　　　　B．animation-iteration-count

C．animation-play-state　　　　　　　　D．animation-delay

4．以下哪个属性可以让动画暂停执行？（　　　）

A．animation-direction　　　　　　　　B．animation-iteration-count

C．animation-play-state　　　　　　　　D．animation-delay

5．修改例 8-12，将小盒子换成小人等图像，实现更多的效果。

6．修改例 8-11，为跳动的心绘制眼睛，且眼睛会眨动，运行效果如图 8-12 所示。

图 8-12 会眨眼的心

扫一扫 8-12,
作业 8-6
参考代码

7. 修改例 8-11,将跳动的心修改为火箭发射图像,运行效果如图 8-13 所示。

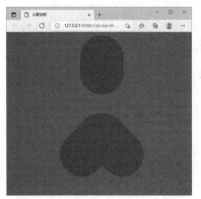

图 8-13 火箭发射

扫一扫 8-13,
作业 8-7
参考代码

8. 参考例 8-12,用相对定位属性实现一个沿着盒子边框跑动的小盒子。

扫一扫 8-14,
作业 8-8
参考代码

第 9 章　　jQuery 基础

本章介绍 jQuery 基础知识，主要内容包括 jQuery 使用准备、jQuery 基本语法，以及 jQuery 对 HTML 元素的选择和遍历函数。

［本章学习目标］

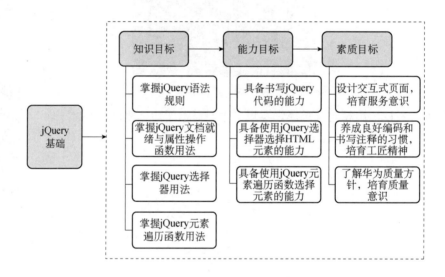

9.1　工作任务 9　设计收货地址表单样式

使用 jQuery 技术为工作任务 3 的收货地址表单设计样式，实现与工作任务 4 一样的显示效果，程序运行效果参见图 4-1。

9.2　jQuery 概述

jQuery 是一个 JavaScript 函数库，包含了大量实用的 JavaScript 函数，能够实现许多网页实用效果。用它来查找 HTML 元素更为简单，极大地简化了 JavaScript 编程，是主流前端脚本技术之一。本节介绍 jQuery 使用的一些基本知识。

9.2.1　jQuery 使用准备

1. 获取 jQuery

使用 jQuery 时需要将其引用到项目中，可以直接从存有 jQuery 的服务器端引用，也可以下载到本地引用。jQuery 有两个版本：一个是精简和压缩版，文件名中含有 min 标志，可以直接用于开发；另一个是测试开发版，能够阅读源代码，并根据需要修改源代码。可以从 jQuery 官方网站（https://jquery.com/download/）下载其最新版本。

2. <script>元素

<script>元素用于定义客户端脚本，可以直接包含脚本语句，也可以引用外部脚本文件。属性说明如表 9-1 所示。

表 9-1　< script>元素的属性说明

属　性　名	属性说明
type	指示脚本的 MIME 类型
src	规定外部脚本文件的 URL
charset	规定在外部脚本文件中使用的字符编码，如 utf-8

<script>元素使用说明如下：

● 一个<script>元素要么执行客户端脚本，要么引用外部脚本文件，不能两者同时兼而有之；

● 既要执行脚本，又要引用外部脚本文件的情况需要两个<script>元素分别执行脚本和引用外部脚本文件；

● 一个<script>元素只能引用一个外部脚本文件，需要引用多个外部脚本文件的情况需要多个<script>元素。

3.　引用 jQuery

使用<script>元素引用 jQuery 库函数，如果 jQuery 库函数已经下载到项目本地，使用项目相对路径进行引用。引用项目本地 jQuery 开发库代码如下：

```
<script src="jquery.js" type="text/javascript"></script>
```

也可以从存有 jQuery 库的服务器端引用，谷歌和微软的服务器都存有 jQuery，可以从其引用，如从谷歌引用 jQuery 的代码如下：

```
<script src="http://ajax.googleapis.com/ajax/libs/jquery/1.8.0/jquery.min.js">
</script>
```

从谷歌或微软引用 jQuery 库的优点是许多用户在访问其他站点时已经从谷歌或微软加载过 jQuery，用到 jQuery 时会优先从缓存中加载，能够减少加载时间。但是需要连接网络，在项目开发初期如果没有联网则需要将 jQuery 下载到本地进行引用。

<script>元素一般放在 HTML 的<head>元素中，也可以放在<body>元素中或其外面，没有特别要求。需要注意的是，浏览器在解析 HTML 文档时会根据文档流从上到下逐行解析和显示，<script>元素是 HTML 文档的组成部分，遵循这个解析顺序。因此，需要注意 jQuery 引用与其他 JavaScript 代码的顺序关系，建议把 jQuery 引用放在 HTML 文档的<head>元素中，且放在所有引用的最前面。

【例 9-1】运行以下程序代码，验证 HTML 文档的执行顺序。

扫一扫 9-1，
例 9-1 运行效果

```
<script>
    alert("顶部脚本");
</script>
<html>
    <head>
        <meta charset="UTF-8">
        <title>test</title>
        <script>
            alert("头部脚本");
        </script>
    </head>
    <body>
        <script>
            alert("页面脚本");
        </script>
    </body>
</html>
<script>
    alert("底部脚本");
</script>
```

程序运行时会依次弹出如图 9-1（a）～图 9-1（d）所示对话框。

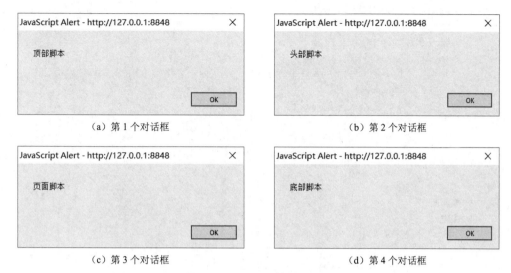

<table>
<tr><td>（a）第 1 个对话框</td><td>（b）第 2 个对话框</td></tr>
<tr><td>（c）第 3 个对话框</td><td>（d）第 4 个对话框</td></tr>
</table>

图 9-1 HTML 文档执行顺序

9.2.2 jQuery 语法

1. 语法格式

jQuery 选取 HTML 元素，并对其进行某些操作，语法基本格式如下：

```
$(selector).action()
```

其中，美元符号用于定义 jQuery，表示 jQuery 语法；选择符（selector）用于选择 HTML 元素，遵循选择器的规范；action()是对元素执行操作的函数。

2. 操作链

jQuery 使用一种称为链（chaining）的技术允许在一个元素上执行多个 jQuery 操作，基于链的顺序一个操作接着一个操作地完成，减少了浏览器查找同一个元素的次数。如图 9-2（a）所示为标准代码写法，图 9-2（b）为操作链代码写法，两段代码实现同样的功能，将段落的前景色设为蓝色，背景色设为粉色。

```
$("p").css("color", "#00F");
$("p").css("background-color", "#FAC");
```
（a）标准代码

```
$("p").css("color", "#00F")
    .css("background-color", "#FAC");
```
（b）操作链代码

图 9-2 jQuery 代码

【例 9-2】已知某网页代码如下，参考图 9-2 将其中关于段落颜色设置的代码修改为操作链写法，实现同样功能。

```
<html>
    <head>
```

```
        <meta charset="UTF-8">
        <title>操作链</title>
        <!-- 引用 jQuery 库 -->
        <script src="js/jquery-1.8.3.js"></script>
        <script type="text/javascript">
            $(function() {
                // 设置 p 元素的前景色
                $("p").css("color", "blue");
                // 设置 p 元素的背景色
                $("p").css("background-color", "pink");
            });
        </script>
    </head>
    <body>
        <p>段落文字</p>
    </body>
</html>            // 实现方法略
```

9.2.3　文档就绪函数

为了防止在文档完全加载之前运行 jQuery 代码，需要自动执行的 jQuery 代码必须存放在文档就绪函数中，文档就绪函数原型如下：

```
$(document).ready(function() {
    //需要在文档加载完毕自动执行的代码
});
```

其中，选择器 document 表示选取 HTML 文档本身，ready()函数在 HTML 文档加载完成后执行，function()是待执行的匿名函数，包含待执行的代码。

文档就绪函数往往也简写，代码如下：

```
$(function(){
    //需要在文档加载完毕自动执行的代码
});
```

9.2.4　属性操作函数 css()

css()函数用于设置或返回元素的一个或多个样式属性。

1. 返回元素的属性值

css()函数返回元素指定属性的值的语法格式如下：

```
css("propertyname");
```

参数 propertyname 为待返回值的属性的名字，将例 9-2 中段落颜色输出到控制台的代码如下：

```
console.log($("p").css("color"));      //输出结果为：rgb(0, 0, 255)，蓝色颜色的值
```

2. 设置元素的单个属性值

css()函数设置元素单个属性值的语法格式如下：

```
css("propertyname","value");
```

参数 propertyname 为待设置值的属性名字，value 为属性的合法取值，在例 9-2 中用 css()函数为段落设置颜色的代码如下：

```
$("p").css("color","blue");          //设置 p 元素的前景色为蓝色
```

3. 设置元素的多个属性值

css()函数还可以使用"名值对"的方式为元素设置多个属性值，语法格式如下：

```
css({"propertyname":"value","propertyname":"value",...});
```

参数含义同单个属性值设置，与 CSS 设置一样，用"名值对"集合的形式给出。属性名与属性值之间用冒号进行分隔，"名值对"之间用逗号进行分隔，所有的"名值对"生成一个集合参数，用花括号括起来。

例 9-2 中关于前景色与背景色设置的代码也可以用一个 css()函数改写如下：

```
$("p").css({"color":"blue","background-color":"pink"});
```

9.3　jQuery 选择器

CSS 通过选择器筛选 HTML 元素，jQuery 也可以用类似的方式选择 HTML 元素，对应 CSS 的选择器，jQuery 设计了对应的选择器。

9.3.1　简单选择器

对应 CSS 的简单选择器，jQuery 简单选择器如表 9-2 所示。

表 9-2　简单选择器

选　择　器	实　例	实例描述
通用选择器（*）	$("*")	选择所有元素
id 选择器（#id）	$("#ld")	选择 id="ld"的元素
类选择器（.class）	$(".lc")	选择 class="lc"的所有元素

续表

选 择 器	实 例	实例描述
元素选择器（元素名）	$("li")	选择所有\<li\>元素
分组选择器（用逗号分隔的选择器）	$("h1,hr,.lc")	选择\<h1\>、\<hr\>和 class="lc"的所有元素

【例 9-3】运行以下程序代码，体会选择器的含义，程序运行效果如图 9-3 所示。

```html
<html>
    <head>
        <meta charset="utf-8" />
        <script type="text/javascript" src="js/jquery-1.8.3.js"></script>
        <title>简单选择器</title>
        <script>
            $(function() {
                $("#ld").css("color", "#FF0000");
                $(".lc").css("color", "#0000FF");
                $("li").css("font-weight", "bold");
                $("*").css("background-color", "#EEE");
            });
        </script>
    </head>
    <body>
        <div>
            <h1>质量方针</h1>
            <hr width="50px" color="red" align="left">
            <ul>
                <li id="ld">时刻铭记质量是华为生存的基石……</li>
                <li class="lc">我们把客户要求与期望……</li>
                <li>我们尊重规则流程，一次把事情做对……</li>
                <li class="lc">我们与客户一起平衡机会与风险……</li>
                <li>华为承诺向客户提供高质量的产品……</li>
            </ul>
        </div>
    </body>
</html>
```

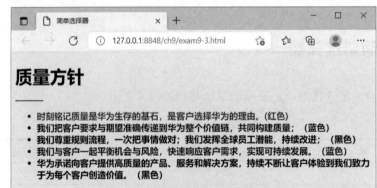

扫一扫 9-2，
例 9-3 运行效果

图 9-3 简单选择器选择元素

9.3.2　组合选择器

对应 CSS 的组合选择器，jQuery 组合选择器如表 9-3 所示。

表 9-3　组合选择器

选　择　器	实　例	实例描述
后代选择器（空格）	$("div p")	选择<div>元素内的所有<p>元素
子元素选择器（>）	$("div>p")	选择父元素是<div>元素的所有<p>元素
相邻兄弟选择器（+）	$("div+p")	选择与<div>元素有共同的父元素，且紧随<div>元素之后的<p>元素
通用兄弟选择器（~）	$("div~p")	选择与<div>元素有共同父元素，且在<div>元素之后的所有<p>元素

【例 9-4】用组合选择器修改例 9-3 中的样式代码，运行效果如图 9-4 所示。

```html
<html>
    <head>
        <meta charset="utf-8" />
        <script type="text/javascript" src="js/jquery-1.8.3.js"></script>
        <title>组合选择器</title>
        <script>
            $(function() {
                $("#ld").css("color", "#FF0000");
                $(".lc+li").css("color", "#0000FF");
                $("html>body").css("background-color", "#EEE");
                $("h1~ul").css("font-weight", "bold");
                $("body h1").css("font-style", "italic");
            });
        </script>
    </head>
    <body>
        ……
    </body>
</html>
```

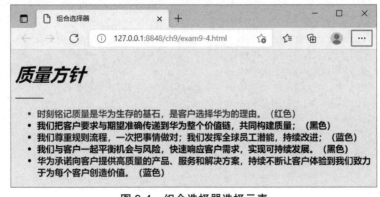

扫一扫 9-3，
例 9-4 运行效果

图 9-4　组合选择器选择元素

9.3.3 属性选择器

1. 属性选择器的基本语法

对应 CSS 的属性选择器，jQuery 属性选择器如表 9-4 所示。

表 9-4 属性选择器

选 择 器	实 例	实例描述
[attribute]	$("[href]")	选择所有带有 href 属性的元素
[attribute=value]	$("[href='#']")	选择所有 href 属性值等于"#"的元素
[attribute!=value]	$("[href!='#']")	选择所有不包含 href 属性或 href 属性的值不等于"#"的元素
[attribute$=value]	$("[href$='.jpg']")	选择所有 href 属性的值以".jpg"结尾的元素

【例 9-5】运行以下代码，查看运行效果，体会选择器的含义，程序运行效果如图 9-5 所示。

```html
<html>
    <head>
        <meta charset="utf-8" />
        <script type="text/javascript" src="js/jquery-1.8.3.js"></script>
        <title>属性选择器</title>
        <script>
            $(function() {
                $("[href]").css("font-weight", "bold");
                $("[href='#']").css("color", "#F00");
                $("[href!='#']").css("color", "#07F");
                $("[href$='.png']").css("font-style", "italic");
            });
        </script>
    </head>
    <body>
        <img src="./img/云服务图像.png" align="left">
        <h2>快速使用云服务 123</h2>
        5 分钟快速掌握云服务常用操作
        <ol>
            <li><a href="#">[ECS] 快速购买弹性云服务器</a></li>
            <li><a href>[CCE] 快速创建 Kubernetes 混合集群</a></li>
            <li><a href="#">[IAM] 创建 IAM 用户组并授权</a></li>
            <li><a href="img/huawei_pic.png">[VPC] 搭建 IPv4 网络</a></li>
            <li><a href="#">[RDS] 快速购买 RDS 数据库实例</a></li>
            <li><a>[MRS] 从零开始使用 Hadoop</a></li>
        </ol>
    </body>
</html>
```

图 9-5　属性选择器选择元素

2.　\<input>元素 type 属性选择器

针对表单\<input>元素，type 属性值能够规定元素的类型。因此，针对 type 属性取值，jQuery 给出了专门的选择器定义，如表 9-5 所示。

表 9-5　\<input>表单元素属性选择器

选　择　器	实　例	实例描述
:input	$(":input")	选择所有\<input>元素
:text	$(":text")	选择所有 type="text"的\<input>元素
:password	$(":password")	选择所有 type="password"的\<input>元素
:radio	$(":radio")	选择所有 type="radio"的\<input>元素
:checkbox	$(":checkbox")	选择所有 type="checkbox"的\<input>元素
:submit	$(":submit")	选择所有 type="submit"的\<input>元素
:reset	$(":reset")	选择所有 type="reset"的\<input>元素
:button	$(":button")	选择所有 type="button"的\<input>元素
:image	$(":image")	选择所有 type="image"的\<input>元素
:file	$(":file")	选择所有 type="file"的\<input>元素

【例 9-6】修改例 3-6，为其设计样式，程序运行效果如图 9-6 所示。

```html
<html>
    <head>
        <meta charset="utf-8" />
        <script type="text/javascript" src="js/jquery-1.8.3.js"></script>
        <title>设计用户注册样式</title>
        <script>
            $(function() {
                $(":text").css("background-color", "#F0F");
                $(":password").css("color", "#00F");
                $(":submit").css("color", "#07E");
            });
```

```
        </script>
    </head>
    <body>
        <h3 align="center">注册用户</h3>
        <form action="exam3-6.html" method="post">
            用户名：<input type="text" name="username" /><br />
            密码：<input type="password" name="password" /><br />
            兴趣爱好：<input type="checkbox" name="interest"
                    value="ping-pong" checked="checked" />乒乓球
            <input type="checkbox" name="interest" value="football" />足球
            <input type="checkbox" name="interest" value="volleyball" />排球
            <br />
            <input type="reset" name="btnreset" value="重置信息" />
            <input type="submit" name="btnsubmit" value="注册账号" />
        </form>
    </body>
</html>
```

扫一扫 9-5，
例 9-6 运行效果

图 9-6   设计用户注册页面样式

3. 类属性选择器与 id 属性选择器

针对 CSS 使用较多的类属性选择器和 id 属性选择器，jQuery 定义了专门的选择器语法格式，如表 9-6 所示。

表 9-6   类属性选择器和 id 属性选择器

选 择 器	实 例	实例描述
类属性选择器	$("p.head")	选择 class="head"的所有\<p\>元素
	$(".intro.demo")	选择 class="intro"且 class="demo"的所有元素
id 属性选择器	$("div#intro")	选择 id="intro"的\<div\>元素

9.3.4   伪类选择器

1. 伪类选择器基本语法

与 CSS 的伪类选择器含义相同，jQuery 伪类选择器也基于元素的状态来选择元素，常用 jQuery 伪类选择器如表 9-7 所示。

表 9-7　常用 jQuery 伪类选择器

选　择　器	实　　例	实例描述
:first	$("p:first")	选择第一个<p>元素
:last	$("p:last")	选择最后一个<p>元素
:even	$("tr:even")	选择所有偶数<tr>元素
:odd	$("tr:odd")	选择所有奇数<tr>元素
:eq(index)	$("ul li:eq(3)")	选择列表中的第 4 个元素（index 从 0 开始）
:gt(no)	$("ul li:gt(3)")	选择 index 大于 3 的元素
:lt(no)	$("ul li:lt(3)")	选择 index 小于 3 的元素
:not(selector)	$("input:not(:empty)")	选择所有不为空的 input 元素
:header	$(":header")	选择所有标题元素<h1>～<h6>
:animated	$(":animated")	选择所有动画元素
:contains(text)	$(":contains('W3School')")	选择包含指定字符串的所有元素
:empty	$(":empty")	选择无子（元素）节点的所有元素
:hidden	$("p:hidden")	选择所有隐藏的<p>元素

【例 9-7】为例 3-4 中的表格添加样式，使表头字体为粗体蓝色，偶数行添加背景颜色，最后一行汇总信息粗体显示，程序运行效果如图 9-7 所示。

```html
<html>
    <head>
        <meta charset="utf-8">
        <title>设计表格样式</title>
        <script type="text/javascript" src="js/jquery-1.8.3.js"></script>
        <script type="text/javascript">
            $(function() {
                // 设置表格第一行前景色,字体,文本对齐样式
                $("tr:first").css({
                    "color": "#00F",
                    "font-weight": "bold",
                    "text-align": "center"
                });
                // 设置表格偶数行背景色
                $("tr:even").css("background-color", "aliceblue");
                // 设置表格最后一行字体加粗
                $("tr:last").css("font-weight", "bold");
            });
        </script>
    </head>
    <body>
        <table border="1" align="center" cellpadding="5px" width="80%">
            <tr>
```

```
                <th>序号</th>
                <th>姓名</th>
                <th colspan="2">电话</th>
            </tr>
            <tr>
                <td>1</td>
                <td>张三</td>
                <td>555 77 855</td>
                <td>666 77 866</td>
            </tr>
            <tr>
                <td>2</td>
                <td>李四</td>
                <td colspan="2" align="center">777 77 877</td>
            </tr>
            ......
        </body>
</html>
```

扫一扫 9-6，
例 9-7 运行效果

图 9-7　伪类选择器设计表格样式

2. <input>元素伪类选择器

针对表单<input>元素，有一些常用标准状态，jQuery 给出了专门的伪类选择器定义，如表 9-8 所示。

表 9-8　<input>表单元素伪类选择器

选　择　器	实　　例	实例描述
:enabled	$(":enabled")	所有激活的 input 元素
:disabled	$(":disabled")	所有禁用的 input 元素
:selected	$(":selected")	所有被选取的 input 元素
:checked	$(":checked")	所有被选中的 input 元素

【例 9-8】修改例 9-6，将默认兴趣前面的复选框去掉，避免用户修改，程序运行效果如图 9-8 所示。

在文档就绪函数中增加隐藏复选框标志的代码如下：

```
$(":checked").hide();
```

扫一扫 9-7，
例 9-8 完整代码

图 9-8　去掉默认兴趣的复选框

9.4　元素遍历函数

jQuery 选择器与 CSS 选择器有一定的呼应性，理解容易，使用简单。但是，编程的灵活性较差，特别是不容易与程序运算逻辑相结合，因此，jQuery 提供了元素遍历函数。使用元素遍历函数可以从某一个找到的元素开始，使用程序逻辑不断查找和移动，最终找出所有满足条件的元素，或抵达某个由程序逻辑运算出来的特殊元素，丰富了元素查找的条件，为页面设计带来更大的灵活性。

9.4.1　文档对象模型

元素遍历基于文档对象模型（document object model，DOM），网页被加载时，浏览器会创建页面的 DOM 树。为例 9-3 绘制的网页 DOM 结构如图 9-9 所示。

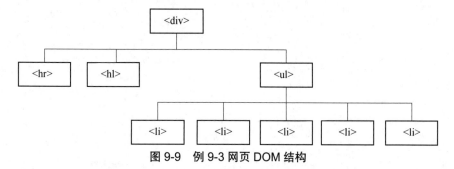

图 9-9　例 9-3 网页 DOM 结构

DOM 是一种树形结构，基于 DOM 可以在文档树中移动查找元素。向上移动查找祖先，向下移动查找子孙，水平移动查找同胞，这种移动被称为 DOM 遍历。通过 DOM 遍历可以轻松地从指定元素出发找到所有需要的元素。图 9-9 中 DOM 树的分析如下：

- <div>元素是<h1>、<hr>、<ul>元素的父元素，同时是 5 个<li>元素的祖先；
- <ul>元素是<li>元素的父元素，同时是<div>元素的子元素；
- 5 个<li>元素是同胞（拥有相同的父元素），也是<div>元素的后代；
- <h1>、<hr>、<ul>元素是同胞，同时也是<div>元素的子元素。

9.4.2 元素祖先遍历函数

jQuery 提供了遍历元素祖先的函数，含义及说明如表 9-9 所示。

表 9-9 元素祖先遍历函数的含义及说明

函 数 名	函数说明
.parent()	返回元素的直接父元素，仅向上一级 DOM 树进行遍历，参数可选，若有，为用于匹配元素的选择器表达式
.parents()	返回元素的所有祖先元素，一路向上直到文档的根元素（<html>元素），参数含义同上
.parentsUntil(selector,filter)	返回元素所有的祖先元素，直到遇到匹配选择器的元素为止，参数说明如下。 • selector：可选。字符串值，规定在何处停止对祖先元素进行匹配的选择器表达式 • filter：可选。字符串值，用于匹配元素的选择器表达式

【例 9-9】查找<span>元素的直接父级元素并设置样式，运行效果如图 9-10 所示。

```
<html>
    <head>
        <meta charset="utf-8" />
        <title>祖先遍历</title>
        <style>
            /* 选择类属性值为ancestors元素的所有后代元素 */
            .ancestors * {
                /* 设置元素边框 */
                border: 2px solid darkcyan;
                /* 设置元素内容颜色 */
                color: darkcyan;
                /* 设置颜色内边距 5px,外边距 15px */
                padding: 5px;
                margin: 15px;
            }
        </style>
        <script src="js/jquery-1.8.3.js"></script>
        <script>
            $(document).ready(function() {
                // 选择 span 元素的直接父级元素,设置元素颜色与边框
                $("span").parent().css({
                    "color": "red",
                    "border": "2px solid red"
                });
```

```
            });
        </script>
    </head>
    <body>
        <div class="ancestors">
            <div style="width:500px;">div（曾祖父）
                <ul>ul（祖父）
                    <li>li（直接父）
                        <span style="display:block;">span</span>
                    </li>
                </ul>
            </div>
        </div>
    </body>
</html>
```

扫一扫 9-8，
例 9-9 运行效果

图 9-10　祖先遍历函数查找元素

【例 9-10】修改例 9-9，用.parents()函数查找<span>元素的直接父级元
素，实现与例 9-9 同样的效果。

修改代码如下：

扫一扫 9-9，
例 9-10 完整代码

```
<script>
    $(function() {
        // 选择 span 元素的父级元素，且元素名为 li，设置元素颜色与边框
        $("span").parents("li").css({
            "color": "red",
            "border": "2px solid red"
        });
    });
</script>
```

【例 9-11】修改例 9-9，用.parentsUntil()函数查找<span>元素的直接父级元素，实现与
例 9-9 同样的效果。

修改代码如下：

```
<script>
    $(document).ready(function() {
        //选择 span 到 ul 之间的父元素, 设置元素颜色与边框
        $("span").parentsUntil("ul").css({
            "color": "red",
            "border": "2px solid red"
        });
    });
</script>
```

9.4.3 元素后代遍历函数

jQuery 提供了遍历元素后代的函数, 含义及说明如表 9-10 所示。

表 9-10 元素后代遍历函数含义及说明

函 数 名	函数说明
.children()	返回元素的所有直接子元素, 仅对下一级 DOM 树进行遍历。参数可选, 若有, 为用于匹配元素的选择器表达式
.find(selector)	返回元素的后代元素, 一路向下直到最后一个后代。参数为用于匹配元素的选择器表达式, 查找所有后代的参数为通配符选择器 ("*")

【例 9-12】修改例 9-9, 用.children()函数查找<ul>元素的直接子元素, 实现与例 9-9 同样的效果。

修改代码如下:

```
<script>
    $(document).ready(function() {
        //选择 ul 的直接子元素
        $("ul").children().css({
            "color": "red",
            "border": "2px solid red"
        });
    });
</script>
```

【例 9-13】修改例 9-9, 用.find()函数查找<ul>元素的直接子元素, 实现与例 9-9 同样的效果。

修改代码如下:

```
<script>
    $(document).ready(function() {
        //选择 ul 的后代, 且元素名为 li 的元素
        $("ul").find("li").css({
            "color": "red",
            "border": "2px solid red"
        });
```

```
    });
</script>
```

9.4.4　元素同胞遍历函数

jQuery 提供了遍历元素同胞的函数，含义及说明如表 9-11 所示。

表 9-11　元素同胞遍历函数含义及说明

函　数　名	说　明
.next()	返回元素的下一个同胞元素，只返回一个元素
.nextAll()	返回元素的所有跟随的同胞元素，参数可选，若有，为用于匹配元素的选择器表达式
.nextUntil()	参数可选，同表 9-9 中.parentsUntil()函数的参数
.prev()	同 next()函数，匹配方向相反
.prevAll()	同 nextAll()函数，匹配方向相反
.prevUntil()	同 nextUntil()函数，匹配方向相反
.siblings()	返回元素的所有同胞元素（不包含其自身），参数可选，若有，为用于匹配元素的选择器表达式

9.4.5　元素过滤筛选函数

jQuery 提供了过滤筛选元素函数，含义及说明如表 9-12 所示。

表 9-12　元素过滤筛选函数含义及说明

函　数　名	说　明
.first()	返回元素的首个元素
.last()	返回元素的最后一个元素
.eq(index)	返回元素中带有指定索引号的元素，最小索引号为 0；如果为负数，则从集合中的最后一个元素往回计数，从-1 开始计数
.filter(selector)	返回匹配指定标准的元素。参数 selector 为字符串值，是筛选元素的表达式
.not(selector)	与 filter()相反，返回不匹配指定标准的元素。参数 selector 为字符串值，是筛选元素的表达式
.each(function(index,element))	对 jQuery 对象进行迭代，为每个匹配元素执行规定的 function(index,element) 函数，函数参数说明如下。 ● index：选择器的索引位置，索引号从 0 开始 ● element：匹配到的当前元素，可以用"this"选择器表示

【例 9-14】用 each()函数为例 2-11 增加样式，使定义列表的标题字体加粗和倾斜，显示

效果如图 9-11 所示。

```html
<html>
    <head>
        <meta charset="utf-8">
        <title>过滤筛选函数</title>
        <script type="text/javascript" src="js/jquery-1.8.3.js"></script>
        <script type="text/javascript">
            $(function() {
                //对每一个dt元素执行函数
                $("dt").each(function(){
                    //this指针指代当前dt元素
                    $(this).css({
                        "font-style": "italic",
                        "font-weight": "bold"
                    });
                })
            });
        </script>
    </head>
    <body>
        <dl>
            <dt>订单管理</dt>
            <dd>待支付订单</dd>
            <dd>退订与换货</dd>
            <dt>优惠折扣</dt>
            <dd>优惠券</dd>
            <dd>商务折扣</dd>
        </dl>
    </body>
</html>
```

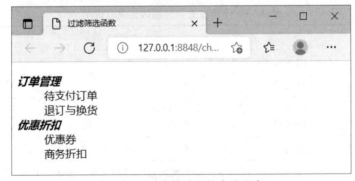

图 9-11　过滤筛选函数查找元素

【例 9-15】修改例 9-7，用过滤筛选函数选择表格头部和底部元素，使表格保持样式不变。

修改代码如下：

```html
<script type="text/javascript">
    $(function() {
```

扫一扫 9-10，
例 9-15 完整代码

```
        //获取表格第一行，设置样式
        $("tr").first().css({
            "color": "#00F",
            "font-weight": "bold",
            "text-align": "center"
        });
        //获取表格偶数行
        $("tr:even").css("background-color", "aliceblue");
        //获取表格最后一行
        $("tr").last().css("font-weight", "bold");
    });
</script>
```

9.5　任务实施

1. 技术分析

1）使用 jQuery 元素选择器和元素遍历函数筛选元素。

2）使用 jQuery 属性操作函数为元素设置样式。

2. 实施

编写设置元素样式的 jQuery 代码如下：

```
<script type="text/javascript" src="js/jquery-1.8.3.js"></script>
<script type="text/javascript">
    $(function() {
        $("table").css("background-color","#E6E6FA");
        $("caption").css("background-color","#FAEBD7");
        $("tr").css("line-height", "30px");
        $("tr").last().css("background-color", "#FAEBD7");
    });
</script>
```

本工作任务实现代码较为简单，主要目的是呼应本书第 4 章 CSS 选择器和样式的内容，通过两个工作任务的对比提高学习效率。本章是后续 jQuery 事件、效果及动画操作的基础，所有 jQuery 的操作都要执行到元素上，元素选择离不开本章内容，因此，必须熟练掌握本章的知识点。

［本章小结］

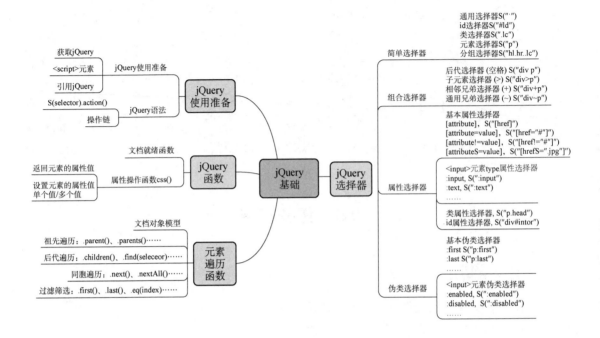

9.6　习题

1．以下关于 jQuery 的说法中哪种是错误的？（　　　）

A．jQuery 是 JSON 库　　　　　　　　B．jQuery 是 JavaScript 库

C．jQuery 是客户端脚本库　　　　　　D．jQuery 用函数选择元素

2．以下关于 jQuery 选择元素的说法中哪种是正确的？（　　　）

A．jQuery 使用 CSS 选择器来选取元素

B．jQuery 选择元素的选择器不是函数

C．jQuery 过滤筛选函数 each()函数能够遍历元素

D．jQuery 过滤筛选函数 eq()函数的参数不能是负值

3．jQuery 的简写是（　　　）。

A．？符号　　　　　　B．$ 符号　　　　　　C．% 符号　　　　　　D．&符号

4．通过 jQuery，选择器 $("div") 选取什么元素？（　　　）

A．首个 div 元素　　　　　　　　　　B．所有 div 元素

C．最后一个 div 元素　　　　　　　　D．div 元素

5．把所有 p 元素的背景色设置为红色，正确的 jQuery 代码是哪个？（　　　）

A．$("p").manipulate("background-color","red");

B．$("p").layout("background-color","red");

C．$("p").style("background-color","red");

D．$("p").css("background-color","red");

6．通过 jQuery，$("div.intro") 能够选取的元素是以下哪个？（　　）

A．class="intro" 的首个 div 元素

B．id="intro" 的首个 div 元素

C．class="intro" 的所有 div 元素

D．id="intro" 的所有 div 元素

7．下面哪个函数用于设置被选元素的一个或多个样式属性？（　　）

A．style()　　　　　　B．html()　　　　　　C．css()　　　　　　D．setClass()

8．下面哪句话是正确的？（　　）

A．jQuery 库需要购买才能使用 jQuery

B．可以引用 Google 的 jQuery 库使用

C．大多数浏览器都内建了 jQuery 库，不用引用就可以使用

D．jQuery 库是开源的，不用引用就可以使用

9．jQuery 是通过哪种脚本语言编写的？（　　）

A．C#　　　　　　　　B．JavaScript　　　　C．C++　　　　　　　D．VBScript

10．下面哪个 jQuery 函数用于在文档结束加载之前阻止代码运行？（　　）

A．$(document).ready()　　　　　　　　B．$(document).load()

C．$(body).onload()　　　　　　　　　D．$(body).ready()

11．$("div#intro .head")选择器选取哪些元素？（　　）

A．id="intro"或 class="head"的所有 div 元素

B．class="intro"的任何 div 元素中的首个 id="head"的元素

C．id="intro"的首个 div 元素中的 class="head"的所有元素

D．class="intro"的首个 div 元素中的 id="head"的所有元素

第 10 章   jQuery 事件与操作

本章简单介绍 jQuery 事件及事件的绑定，详细介绍 jQuery 元素、元素属性、元素文本及其内容的操作，全面给出了编码操作元素的函数。

[本章学习目标]

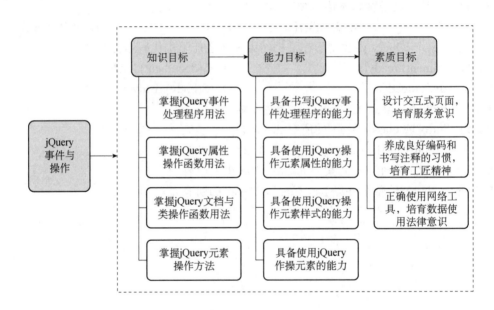

10.1　工作任务 10　通讯录维护

设计一个具有增删改查功能的通讯录，程序运行效果如图 10-1 所示。

（1）程序运行打开首页，显示如图 10-1（a）所示的两条通讯录。

（2）输入用户姓名和手机号码单击"添加"按钮，增加一条通讯录，如图 10-1（b）所示。

（3）输入用户姓名，单击"查询"按钮将指定姓名的通讯录背景设置为黄色，如图 10-1（c）所示。

扫一扫 10-1，
工作任务 10
运行效果

（a）初始页面　　　　　　　（b）增加了一条记录　　　　　　（c）查找记录

图 10-1　表格操作

10.2　jQuery 事件处理程序

10.2.1　事件概述

事件处理程序规定发生指定事件时所调用的函数，如文档加载完毕、在 HTML 元素上单击、鼠标悬停等都会触发相应的事件处理程序，调用相关的函数。jQuery 事件处理程序是jQuery 的核心函数。常用事件处理程序函数如表 10-1 所示。

表 10-1　jQuery 事件函数

函 数 名	函数绑定事件说明
bind()	为元素绑定事件处理器
click()	元素单击事件被触发时调用函数
dblclick()	元素双击事件被触发时调用函数
focus()	当元素获得焦点时调用函数
keydown()	键盘按下时调用函数
keypress()	按键时调用函数
keyup()	松开键盘时调用函数
load()	元素加载完毕时调用函数
mousedown()	当鼠标指针移动到元素上方，并按下鼠标按键时调用函数
mouseenter()	当鼠标指针穿过元素时调用函数
mouseleave()	当鼠标指针离开元素时调用函数
mousemove()	鼠标移动时调用函数
hover()	用于模拟鼠标悬停事件。有重载，当只有一个函数参数时，鼠标移动到元素上时调用函数；当有两个函数参数时，鼠标悬停到元素上时调用第一个函数，移出时调用第二个函数
ready()	文档完全加载完成后调用函数
resize()	重置元素大小时调用函数

续表

函　数　名	函数绑定事件说明
submit()	元素提交时调用函数
unbind()	移除元素的事件处理器
unload()	元素卸载完毕时调用函数

10.2.2　事件处理程序语法

1. 一般事件处理程序语法格式

jQuery 事件的基本语法格式如下：

```
$(selector).事件函数名(function);
```

其中，参数 selector 是元素选择器；事件函数名为表 10-1 列出的函数名；参数 function 可选，定义事件发生时运行的函数。

通常把 jQuery 事件处理代码放到 HTML 文档<head>部分，用<script>元素包围起来，也可以放到单独的.js 文件中，维护更为方便。放在单独的.js 文件中需要将.js 文件引用到HTML 文档中，用<script>元素引用，引用方式同 jQuery 库文件，需要注意的是事件处理.js文件引用必须放在 jQuery 库文件引用之后。

jQuery 是为处理 HTML 事件而设计的，建议遵循以下编码规则：

- 所有 jQuery 代码置于事件处理函数中；
- 所有事件处理函数置于文档就绪事件处理器中。

【例 10-1】为按钮编写单击事件处理程序，单击按钮后提示"单击了按钮"，程序运行效果如图 10-2 所示。

(a) 初始页面　　　　　　　　　　　　　　　　　　(b) 单击了按钮

图 10-2　元素单击事件处理程序

```html
<html>
    <head>
        <meta charset="UTF-8">
        <title>单击事件处理程序</title>
        <script src="js/jquery-1.8.3.js"></script>
        <script type="text/javascript">
            $(function() {
```

```
            $("button").click(function() {
                $("p").text("单击了按钮");
            });
        });
    </script>
</head>
<body>
    <p>文字段落</p>
    <button>按钮</button>
</body>
</html>
```

【**例 10-2**】为例 10-1 中的按钮增加鼠标悬停事件处理程序，鼠标悬停后段落的背景色设置为黄色，程序运行效果如图 10-3 所示。

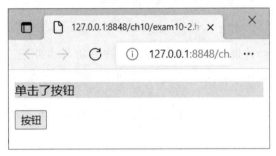

图 10-3　鼠标悬停事件处理程序

在例 10-1 文档就绪函数中增加代码如下：

```
$("button").hover(function() {
    $("p").css("background-color", "#FF0");
});
```

【**例 10-3**】为例 10-2 中的按钮鼠标悬停事件处理程序增加代码，鼠标移出按钮清除段落的背景色。

修改例 10-2 中的按钮鼠标悬停事件处理程序代码如下：

```
    // 鼠标悬停事件
    $("button").hover(
        // 第 1 个参数，鼠标悬停操作
        function() {
            $("p").css("background-color", "#FF0");
        },
        // 第 2 个参数，鼠标离开操作
        function() {
            $("p").css("background-color", "");
        }
    );
```

2.　绑定事件处理程序语法格式

一般事件处理程序语法简洁，容易理解，但是每次只能为元素绑定一个事件，如果想为元素添加多个事件处理程序，则可以用绑定事件处理程序。绑定单个事件处理程序的语法格式如下：

```
$(selector).bind(event,data,function)
```

参数说明如下：

- 参数 event 是必需的，规定添加到元素的事件处理程序名称，可以多个事件响应到一个函数，用空格分隔多个事件处理程序名称，且应该是有效的名称，常用事件名称与表 10-1 中的函数名称一一对应，但鼠标悬停（hover）事件例外，不同版本的 jQuery 库对该事件的绑定支持程度不一样，应尽量避免使用绑定方式添加该事件。
- 参数 data 可选，定义为事件处理函数传递的数据。
- 参数 function 必需，规定事件发生时调用的函数。

可以为元素绑定多个事件处理程序，语法格式如下：

```
$(selector).bind({event:function,event:function,...})
```

参数含义同单个事件处理程序，事件处理程序名称与事件响应函数之间用冒号进行分隔，多个事件处理程序之间用逗号进行分隔，所有的事件处理程序生成一个集合参数，用花括号括起来。

【例 10-4】修改例 10-1，用绑定事件处理按钮单击响应，实现同样的效果。

代码修改如下：

```javascript
<script type="text/javascript">
    $(function() {
        $("button").bind("click", function() {
            $("p").text("单击了按钮");
        });
    });
</script>
```

【例 10-5】修改例 10-2，用绑定方式修改按钮单击和鼠标悬停事件，查看程序运行效果。

代码修改如下：

扫一扫 10-2，
例 10-5 运行效果

```javascript
<script type="text/javascript">
    $(function() {
        $("button").bind({
            "click": function() {
                $("p").text("单击了按钮");
            },
            "hover": function() {
                $("p").css("background-color", "#FF0");
            }
        });
    });
</script>
```

10.3　属性操作

10.3.1　元素属性操作函数 attr()

attr()函数用于设置或返回元素的属性值，主要是操作在元素中设置的与功能相关的属性，如<img>元素的 src 属性、<a>元素的 href 属性等，不能操作只能在 style 属性中设置的样式属性。

1.　返回元素的属性值

attr()函数返回元素指定属性值的语法格式如下：

```
attr(attribute);
```

参数 attribute 为待返回值的属性的名字，如返回<img>元素 src 属性值的代码如下：

```
$("img").attr("src"));
```

2.　设置元素的属性值

attr()函数设置元素单个属性值的语法格式如下：

```
attr(attribute,value)
```

参数 attribute 为待设置值的属性名字，value 为属性的合法取值，如设置<img>元素 src 属性值的代码如下：

```
$("img").attr("src", "./img/laravel.png");
```

使用属性参数可以动态修改元素的属性值，实现一些实用的网页效果，如设置<img>元素的 src 属性可以动态修改显示的图像，实现图像的切换效果。

3.　设置元素的多个属性值

attr()函数还可以使用"名值对"的方式为元素设置多个属性值，语法格式如下：

```
attr({attribute:value, attribute:value ...});
```

参数含义同单个属性值设置，用"名值对"集合的形式给出参数。属性名与属性值之间用冒号进行分隔，"名值对"之间用逗号进行分隔，所有的"名值对"生成一个集合参数，用花括号括起来，如设置<img>元素宽度和高度属性值的代码如下：

```
$("img").attr({"width":"120px","height":"120px"});
```

4. 使用函数来设置元素属性

attr()函数也可以使用函数来设置元素的属性值，通过为函数传递参数增加编程的灵活性，语法格式如下：

```
attr(attribute,function(index,oldvalue));
```

将 function()函数的返回值赋给参数 attribute 指定的属性，function()函数参数说明如下。

- index：元素选择器的索引位置；
- oldvalue：attribute 参数指定的属性的当前值。

【例 10-6】用函数返回值设置<img>元素图像的尺寸，每次单击"放大图片"按钮，图片放大为原来的一倍，程序运行效果如图 10-4 所示。

扫一扫 10-3，
例 10-6 运行效果

（a）初始图片　　　　　　（b）放大一倍的图片

图 10-4　元素属性操作函数

```html
<html>
  <head>
    <meta charset="UTF-8">
    <title>使用函数设置元素属性</title>
    <script src="js/jquery-1.8.3.js"></script>
    <script type="text/javascript">
      $(function() {
        $("button").click(function() {
          // 宽度放大一倍
          $("img").attr("width",
            // 参数2,回调函数
            function(n, v) {
              return v * 2;
            }
          );
          // 高度放大一倍
          $("img").attr("height",
            // 参数2,回调函数
            function(n, v) {
              return v * 2;
            }
          );
        });
      });
```

```
        </script>
    </head>
    <body>
        <img src="img/eg_cute.gif" width="50" height="50" /><br />
        <button>放大图片</button>
    </body>
</html>
```

10.3.2　表单元素值属性操作函数 val()

val()函数返回或设置表单元素的 value 属性值，主要用于<input>元素。

1.　返回元素的 value 属性值

val()函数返回第一个匹配元素的 value 属性值，语法格式如下：

```
$(selector).val();
```

2.　设置元素的 value 属性值

val()函数也可以设置元素的 value 属性值，语法格式如下：

```
$(selector).val(value);
```

参数 value 为属性的合法取值。

3.　使用函数来设置元素的 value 属性

val()函数还可以使用函数来设置元素的 value 属性值，通过为函数传递参数，增加编程的灵活性，语法格式如下：

```
$(selector).val(function(index,oldvalue));
```

将 function()函数的返回值赋给元素的 value 属性，function()函数参数说明如下。
- index：元素选择器的索引位置；
- oldvalue：元素 value 属性的当前值。

10.4　文档操作

10.4.1　文本操作函数 text()

text()函数用于设置或返回元素的文本内容。

1. 返回元素的文本内容

text()函数返回元素删除 HTML 标记后的组合文本内容，语法格式如下：

```
$(selector).text();
```

2. 设置元素的文本内容

text()函数用于设置元素文本内容时会覆盖元素的所有内容，语法格式如下：

```
$(selector).text(content);
```

参数 content 规定元素的新文本内容，特殊字符会被编码。

3. 使用函数来设置元素的文本内容

text()函数也可以使用函数来设置元素的文本内容，通过为函数传递参数增加编程的灵活性，语法格式如下：

```
$(selector).text(function(index,oldcontent));
```

将 function()函数的返回值设置为元素的新文本内容，function()函数参数说明如下。
- index：元素选择器的索引位置；
- oldvalue：元素的当前文本内容。

10.4.2　内容操作函数 html()

html()函数返回或设置元素的内容（inner HTML，包含 HTML 标签）。

1. 返回元素的内容

html()函数返回第一个匹配元素的当前内容，返回的是 inner HTML，语法格式如下：

```
$(selector).html();
```

2. 设置元素的内容

html()函数设置内容时会覆盖所有匹配元素的内容，语法格式如下：

```
$(selector).html(content);
```

参数 content 为元素的新内容，可包含 HTML 标签。

3. 使用函数来设置元素的内容

html()函数也可以使用函数来设置元素的内容，通过为函数传递参数增加编程的灵活性，语法格式如下：

```
$(selector).html(function(index,oldcontent));
```

将 function()函数的返回值设置为元素的 inner HTML 内容，function()函数参数说明如下。

- index：元素选择器的索引位置；
- oldcontent：元素的当前 inner HTML 内容。

【例 10-7】完善例 3-6，单击"注册账号"按钮，把用户注册的信息显示出来，程序运行效果如图 10-5 所示。

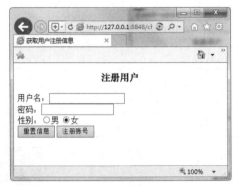

（a）初始页面

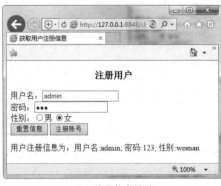

（b）注册信息显示

图 10-5　获取用户注册信息

```html
<html>
    <head>
        <meta charset="UTF-8">
        <title>获取用户注册信息</title>
        <script src="js/jquery-1.8.3.js"></script>
        <script type="text/javascript">
            $(function() {
                $(":submit").click(function() {
                    var strinfo = "用户注册信息为：";
                    strinfo += "用户名:" + $(":text").val() + ";  ";
                    strinfo += "密码:" + $(":password").val() + ";  ";
                    strinfo += "性别:" + $(":checked").val();
                    $("p").text(strinfo);
                });
            });
        </script>
    </head>
    <body>
        <h3 align="center">注册用户</h3>
        用户名：<input type="text" name="username" /><br />
        密码：<input type="password" name="password" /><br />
        性别：<input type="radio" name="sex" value="man" checked="checked" />男
        <input type="radio" name="sex" value="woman" />女<br />
        <input type="reset" name="btnreset" value="重置信息" />
        <input type="submit" name="btnsubmit" value="注册账号" />
        <p></p>
    </body>
</html>
```

10.5　CSS 类操作

jQuery 有 CSS 类操作函数，方便以编程的方式将类样式操作到指定元素，常用类操作函数如表 10-2 所示。

表 10-2　CSS 类操作函数

函　数　名	函数说明
addClass()	向元素添加一个或多个类样式，多个类样式用空格进行分割
removeClass()	从元素删除一个或多个类样式，多个类样式用空格进行分割
toggleClass()	对元素进行添加/删除类的切换操作，多个类样式用空格进行分割

【例 10-8】 设计华为网站导航，当鼠标悬停到菜单时，为菜单增加下划线，程序运行效果如图 10-6 所示。

扫一扫 10-4,
例 10-8 运行效果

图 10-6　华为网站导航

```html
<html>
    <head>
        <meta charset="utf-8">
        <title>CSS 类操作</title>
        <style type="text/css">
            a {
                /* 去掉超链接元素默认样式下划线 */
                text-decoration: none;
                /* 设置文本颜色和字体粗体 */
                color: #333;
                font-weight: bolder;
            }
            .select {
                /* 设置下边框为 1px 宽度的实线, 自定义下划线样式 */
                border-bottom: 1px solid #F00;
            }
            li {
                /* 设置文本样式 */
                text-align: center;
                line-height: 25px;
                font-size: 12px;
                overflow: hidden;
```

```
            /* 设置元素大小与内边距 */
            width: 120px;
            height: 25px;
            padding: 10px;
            /* 设置元素左浮动 */
            float: left;
        }
    </style>
    <script src="js/jquery-1.8.3.js"></script>
    <script type="text/javascript">
        $(function() {
            $("a").hover(function() {
                // 移除所有 li 元素的 select 样式
                $("li").removeClass("select");
                // 设置当前元素直接父元素的样式为 select 样式
                $(this).parent().addClass("select");
            });
        });
    </script>
</head>
<body>
    <div>
        <ul>
            <li><a href="#">个人及家庭产品</a></li>
            <li><a href="#">商用产品及方案</a></li>
            <li><a href="#">服务支持</a></li>
            <li><a href="#">合作伙伴与开发者</a></li>
            <li><a href="#">关于华为</a></li>
        </ul>
    </div>
</body>
</html>
```

10.6　元素操作

10.6.1　元素操作函数

jQuery 提供了元素操作的函数，可以方便地获取检索到的元素个数、元素索引位置，以及将元素以数组的形式返回等，常用函数如表 10-3 所示。

表 10-3　元素操作函数

函　数　名	函数说明
get()	get(index)，返回由参数 index 指定位置的元素，参数 index 取值为整数，索引从 0 开始
index()	返回元素的位置索引号，若未找到元素，返回−1

续表

函 数 名	函数说明
size()	返回选择器匹配到的元素数量
toArray()	以数组的形式返回选择器匹配到的元素

10.6.2　追加元素

jQuery 提供了追加元素的函数，如表 10-4 所示。

表 10-4　追加元素函数

函 数 名	函数说明
after()	$(selector).after(content)，在选择器选择每一个元素之后插入由参数 content 指定的 HTML 内容或元素
before()	$(selector).before(content)，在选择器选择每一个元素之前插入由参数 content 指定的 HTML 内容或元素
append()	$(selector).append(content)，在选择器选择每一个元素结尾（元素内部）插入由参数 content 指定的 HTML 内容或元素
prepend()	$(selector).prepend(content)，在选择器选择每一个元素开头（元素内部）插入由参数 content 指定的 HTML 内容或元素
appendTo()	$(content).appendTo(selector)，在选择器选择元素的结尾（元素内部）插入由参数 content 指定的 HTML 内容或元素
prependTo()	$(content).prependTo(selector)，在选择器选择元素的开头（元素内部）插入由参数 content 指定的 HTML 内容或元素

【例 10-9】修改例 3-1，为程序增加两个输入文本框和一个"添加"按钮，单击"添加"按钮将输入信息追加到表格最后，程序运行效果如图 10-7 所示。

图 10-7　追加表格行

```
<html>
    <head>
        <meta charset="UTF-8">
        <title>添加通讯录</title>
        <script src="js/jquery-1.8.3.js"></script>
        <script type="text/javascript">
            $(function() {
```

```
            $(":submit").click(function() {
                //获得最后一行的序号值
                var i = $("tr:last td:first").text();
                i++;
                //创建第 1 个 td（列）
                var td0 = $("<td></td>").text(i);
                //获取用户输入的姓名
                var strname = $("#username").val();
                var td1 = $("<td></td>").text(strname);
                //获取用户输入的手机号码
                var strphone = $("#phone").val();
                var td2 = $("<td></td>").text(strphone);
                //创建 td 的父节点 tr 行，通过行来创建关联子节点
                var objtr = $("<tr></tr>");
                //追加节点
                objtr.append(td0);
                objtr.append(td1);
                objtr.append(td2);
                //将 tr 关联到 body 中
                $("tr:last").after(objtr);
            });
        });
    </script>
</head>
<body>
    用户姓名：<input type="text" id="username" /><br />
    手机号码：<input type="text" id="phone" /><br />
    <input type="submit" name="btnsubmit" value="添加" /><br />
    <table border="1" align="left" width=300px>
        <tr>
            <th>序号</th>
            <th>姓名</th>
            <th>电话</th>
        </tr>
        <tr>
            <td>1</td>
            <td>张三</td>
            <td>555 77 855</td>
        </tr>
        <tr>
            <td>2</td>
            <td>李四</td>
            <td>777 77 877</td>
        </tr>
    </table>
</body>
</html>
```

 将追加元素$("tr:last").after(objtr)代码的 after()函数改为 append()函数可以吗？如果可以代码如何修改？

10.6.3　替换元素

jQuery 提供了替换元素的函数，如表 10-5 所示。

表 10-5　替换元素函数

函　数　名	函数说明
replaceWith()	$(selector).replaceWith(content)，用参数 content 指定的 HTML 内容或元素替换选择器选择的元素。参数 content 可能的值包括 HTML 代码、新元素和已存在的元素
replaceAll()	$(content).replaceAll(selector)，用参数 content 指定的 HTML 内容或元素替换选择器选择的元素。参数含义同上。该函数与 replaceWith()函数作用相同，差异在于替换内容和选择器的位置不同，以及 replaceWith()能够使用函数进行替换

【例 10-10】修改例 3-1，为程序增加一个输入文本框，为表格增加一个"修改"超链接列，单击"修改"，将其所在行的手机号码修改为文本框的输入值，在表格第一行单击"修改"元素后程序的运行效果如图 10-8 所示。

图 10-8　修改通讯录电话

```html
<html>
  <head>
    <meta charset="UTF-8">
    <title>修改通讯录</title>
    <script src="js/jquery-1.8.3.js"></script>
    <script type="text/javascript">
      $(function() {
        $("a").click(function() {
          //获取用户输入的新手机号码
          var strphone = $("#phone").val();
          //修改用户手机号码为输入的号码
          $(this).parent().siblings().eq(2)
            .replaceWith("<td>" + strphone + "</td>");
        });
      });
    </script>
  </head>
  <body>
    手机号码: <input type="text" id="phone" /><br />
    <table border="1" align="left" width=300px>
      <tr>
        <th>序号</th>
```

```
            <th>姓名</th>
            <th>电话</th>
            <th>操作</th>
        </tr>
        <tr>
            <td>1</td>
            <td>张三</td>
            <td>555 77 855</td>
            <td align="center">
                <a href="#">修改</a>
            </td>
        </tr>
        <tr>
            <td>2</td>
            <td>李四</td>
            <td>777 77 877</td>
            <td align="center">
                <a href="#">修改</a>
            </td>
        </tr>
    </table>
</body>
</html>
```

10.6.4 删除元素

jQuery 提供了删除元素的函数，如表 10-6 所示。

表 10-6 删除元素函数

函　数　名	函数说明
remove()	$(selector).remove()，移除选择器选择的元素，包括所有文本和子节点。不会把元素从 jQuery 对象中删除，因而在将来还可以再使用这些元素。但是仅保留元素本身，不保留元素数据
empty()	$(selector).empty()，移除选择器选择的元素所有内容，包括所有文本和子节点

【例 10-11】修改例 10-10，删除输入文本框，将"修改"超链接列改为"删除"列，单击"删除"其所在行，程序运行效果如图 10-9 所示。

图 10-9 删除一条通讯录

HTML 代码仅简单修改<a>元素的文本值为"删除",修改 jQuery 代码如下:

```
<head>
    <meta charset="UTF-8">
    <title>删除一条通讯录</title>
    <script src="js/jquery-1.8.3.js"></script>
    <script type="text/javascript">
        $(function() {
            $("a").click(function() {
                //获取 a 元素的父级(td)的父级(tr),删除 tr
                $(this).parent().parent().remove();
            });
        });
    </script>
</head>
```

10.7   任务实施

1. 技术分析

(1)使用元素遍历技术查找指定元素,实现通讯录查找功能。

(2)使用属性操作函数修改元素属性,实现改变找到的通讯录背景色的功能。

(3)使用节点操作函数追加、删除和修改节点。注意用节点追加的元素和 HTML 静态元素的节点操作函数的异同。

2. 实施

创建 HTML 文档,编写代码如下:

```
<html>
    <head>
        <meta charset="UTF-8">
        <title>操作通讯录</title>
        <script src="js/jquery-1.8.3.js"></script>
        <script type="text/javascript">
            $(function() {
                //增加通讯录
                $("#btnAdd").click(function() {
                    //获得最后一行的序号值
                    var i = $("tr:last td:first").text();
                    i++;
                    //创建第 1 个 td(列)
                    var td0 = $("<td></td>").text(i);
                    //获取用户输入的姓名,并创建第 2 个 td(列)
                    var strname = $("#username").val();
                    var td1 = $("<td></td>").text(strname);
```

```
        //获取用户输入的手机号码，并创建第 3 个 td（列）
        var strphone = $("#phone").val();
        var td2 = $("<td></td>").text(strphone);
        //创建操作列的内容，并创建第 4 个 td（列）
        var strA = $("<a href='#'>修改</a>");
        strA.click(function() {
            //获取用户输入的新手机号码
            var strphone = $("#phone").val();
            //修改用户手机号码为输入的号码
            $(this).parent().siblings().eq(2)
                .replaceWith("<td>" + strphone + "</td>");
        });
        var strB = $("<a href='#'> 删除</a>");
        strB.click(function() {
            $(this).parent().parent().remove();
        });
        var td3 = $("<td></td>").append(strA);
        td3.append(strB);
        //创建 td 的父节点 tr 行，通过行来创建关联子节点
        var objtr = $("<tr></tr>");
        //追加节点
        objtr.append(td0);
        objtr.append(td1);
        objtr.append(td2);
        objtr.append(td3);
        //将 tr 关联到 body 中
        $("tr:last").after(objtr);
    });
    //查询通讯录
    $("#btnSearch").click(function() {
        //清空上一次查询结果，取消所行的背景色
        $("tr").css("background-color", "");
        //获取文本框输入值
        var strsearch = $("#username").val();
        //对每一个单元格进行操作
        $("td").each(function() {
            var strtd = $(this).text();
            //比较单元格值与查询值，若相等
            if (strtd == strsearch) {
                //设置单元格的直接父（tr）的背景色为黄色
                $(this).parent().css("background-color", "#FF0");
            }
        });
    });
    //修改通讯录
    $("a:even").click(function() {
        //获取用户输入的新手机号码
        var strphone = $("#phone").val();
        //修改用户手机号码为输入的号码
        $(this).parent().siblings().eq(2)
            .replaceWith("<td>" + strphone + "</td>");
```

```
                });
                //删除通讯记录
                $("a:odd").click(function() {
                    //获取a元素的父级（td）的父级（tr），删除tr
                    $(this).parent().parent().remove();
                });
            });
        </script>
    </head>
    <body>
        用户姓名：<input type="text" id="username" /><br />
        手机号码：<input type="text" id="phone" /><br />
        <input type="submit" id="btnAdd" value="添加" />  
        <input type="submit" id="btnSearch" value="查询" /><br />
        <table border="1" align="left" width=300px>
            <tr>
                <th>序号</th>
                <th>姓名</th>
                <th>电话</th>
                <th>操作</th>
            </tr>
            <tr>
                <td>1</td>
                <td>张三</td>
                <td>555 77 855</td>
                <td>
                    <a href="#">修改</a>
                    <a href="#"> 删除</a>
                </td>
            </tr>
            <tr>
                <td>2</td>
                <td>李四</td>
                <td>777 77 877</td>
                <td>
                    <a href="#">修改</a>
                    <a href="#"> 删除</a>
                </td>
            </tr>
        </table>
    </body>
</html>
```

jQuery 对元素创建方式没有要求，以下 2 种创建方式效果等价。

var ele1="<td>test </td>";　　　　　// 使用 HTML 标记创建新元素

var ele2=$("<td></td>").text("test ");　// 使用 jQuery 语法创建新元素

[本章小结]

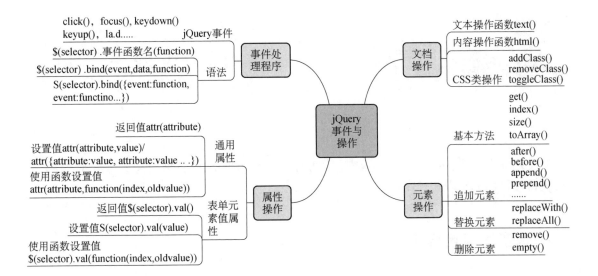

10.8　习题

1. 以下哪个 jQuery 函数用于添加或删除被选元素的一个或多个类？（　　）

A. toggleClass()

B. switchClass()

C. altClass()

D. switch()

2. 以下关于 jQuery 节点的说法中哪个是错误的？（　　）

A. $(".box").insertBefore(ele1,ele2)表示给指定 ele2 前添加 ele1 元素

B. $(".box").append(ele）给 box 类后添加 ele 元素

C. $(".box").appendTo(ele）给 box 类后添加 ele 元素

D. $(".box").insertAfter(ele1,ele2)给 ele2 后添加 ele1 元素

3. 以下哪个函数能够实现在被选元素之后插入 content 内容？（　　）

A. append(content)

B. appendTo(content)

C. insertAfter(content)

D. after(content)

4. 以下关于 jQuery 事件的说法中错误的是（　　）。

A. onclick 绑定单击事件

B. bind 为元素绑定事件

C. hover 用来绑定鼠标经过事件

D. ready 绑定文档加载完毕事件

5. jQuery 中操作 HTML 代码及其文本的函数是（　　）。

A. attr()　　　　　B. text()　　　　　C. html()　　　　　D. val()

第 11 章

jQuery 效果与动画

效果与动画是 jQuery 的核心内容，本章全面介绍 jQuery 的各种效果及其实现方法，以及 jQuery 动画的实现和操作方法。

［本章学习目标］

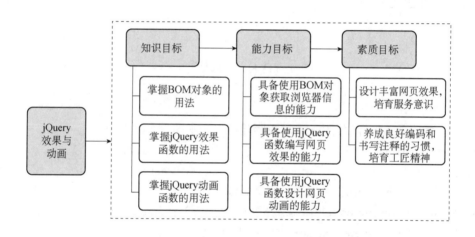

11.1 工作任务 11 轮播广告功能设计

用 jQuery 动画设计如图 11-1 所示的华为首页的轮播广告，具有以下功能。

（1）运行网页，显示如图 11-1（a）所示的广告首页图像。

（2）第一张图像播放完毕自动依次播放后面图像，图像之间间隔 3 秒。

（3）自动播放过程中下面水平线位置指示与图像保持一致，如图 11-1（b）所示。

（4）鼠标进入图像区域左右箭头导航指示红色显示，暂停自动播放，如图 11-1（b）所示。

（5）鼠标进入下面水平线导航的同时暂停自动播放，同时展示鼠标悬停水平线对应位置的图像。

扫一扫 11-1，
工作任务 11
运行效果

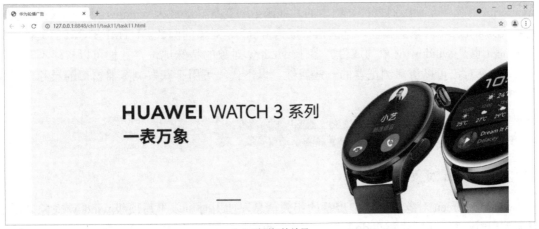

（a）页面初始效果

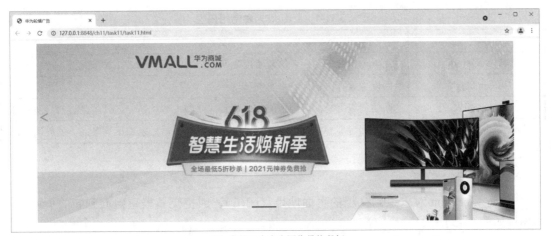

（b）在第二个广告图像悬停鼠标

图 11-1　华为首页轮播广告

11.2　浏览器对象模型

　　浏览器对象模型（browser object model，BOM）能够实现 JavaScript 与浏览器的对话，在 JavaScript 编程中具有重要的作用。jQuery 基于 JavaScript 编程，开发过程中需要用到 BOM，本节基于够用的原则简单进行介绍。

11.2.1　BOM 对象

1. window 对象

window 对象代表浏览器的窗口，所有浏览器都支持 window 对象。window 对象是全局

JavaScript 对象，是顶级对象，文档中的其他函数和变量自动成为 window 对象的成员，全局变量成为 window 对象的属性，全局函数成为 window 对象的函数。HTML DOM 的文档对象 document 也是 window 对象的属性。鉴于 window 对象的特殊地位，往往可以省略不写。使用 window 对象可以访问浏览器的一些属性。以下代码可用于获取浏览器窗口的尺寸，以像素为单位计算。

```
window.innerHeight   //返回浏览器窗口的内高度
window.innerWidth    //返回浏览器窗口的内宽度
```

2. screen 对象

window.screen 对象返回用户屏幕的相关信息，使用时可以不写顶级 window 对象（后面对象使用时一样可以不写 window 对象，不再重复），常用属性如表 11-1 所示。

表 11-1　screen 对象常用属性

属 性 名	属性说明
screen.width	返回以像素计的访问者屏幕宽度
screen.height	返回以像素计的访问者屏幕的高度
screen.availWidth	返回访问者屏幕的可用宽度，以像素计，减去诸如窗口工具条之类的界面特征
screen.availHeight	返回访问者屏幕的可用高度，以像素计，减去诸如窗口工具条之类的界面特征

3. location 对象

window.location 对象返回文档的页面地址（URL），或把浏览器重定向到新的页面。常用属性如表 11-2 所示。

表 11-2　location 对象常用属性

属 性 名	属性说明
location.href	返回当前页面的 href（URL）
location.hostname	返回 Web 主机的域名
location.pathname	返回当前页面的路径或文件名
location.protocol	返回使用的 Web 协议（http:或 https:）
location.assign	加载新文档

4. history 对象

window.history 对象包含浏览器的访问历史。为了保护用户的隐私，往往对该对象的访问进行限制。常用函数有如下两个。

```
history.back()       //返回浏览器上一次访问网址，等同于在浏览器中点击后退按钮
history.forward()    //返回浏览器下一次访问网址，等同于在浏览器中点击前进按钮
```

5. navigator 对象

window.navigator 对象返回访问者的相关信息。常用属性如表 11-3 所示。

表 11-3　navigator 对象常用属性

属　性　名	属性说明
navigator.cookieEnabled	返回为 true 表示 cookie 已启用，否则返回 false
navigator.appName	返回浏览器的应用程序名称
navigator.appCodeName	返回浏览器的应用程序代码名称
navigator.platform	返回浏览器平台（操作系统）
navigator.product	返回浏览器引擎的产品名称
navigator.appVersion	返回有关浏览器的版本信息
navigator.userAgent	返回由浏览器发送到服务器的用户代理报头（user-agent header）

11.2.2　弹出框

JavaScript 弹出框能够传递信息给用户，有 3 种类型的弹出框：需要用户确认的简单警告框、跟踪用户操作的确认框和提示框。

1. 警告框

警告框是模式对话框，需要用户确认收到信息才能进行下一步的操作或信息显示，也即警告框弹出时，用户需要单击确认按钮才能继续后面的程序，语法格式如下：

```
window. alert(message);
```

显示带有一条指定消息和一个"OK"按钮的警告框。参数 message 定义在 window 上弹出的消息（可以包含转义符），如在字符串中加入换行符（反斜杠后面加一个字符 n，\n）可以让字符串换行。以下代码的运行效果如图 11-2 所示。

```
alert("Hello\nHow are you?");
```

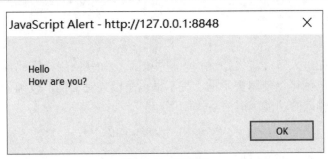

图 11-2　警告框

2. 确认框

确认框也是模式对话框，使用确认框能够获取用户的选择，根据用户的选择结果进行不同的程序流程，语法格式如下：

```
window.confirm(message);
```

显示一个带有指定消息和"OK"及"Cancel"按钮的对话框。参数含义同警告框，为提示信息字符串。

有返回值，用户单击"OK"按钮返回 true，单击"Cancel"按钮返回 false。

【例 11-1】用确认框修改例 10-11，让用户删除通讯录前进行确认，增加数据的安全性，程序运行效果如图 11-3 所示。

扫一扫 11-2,
例 11-1 完整代码

图 11-3　确认框

仅修改例 10-11 中<a>元素单击事件代码如下：

```
<script type="text/javascript">
    $(function() {
        $("a").click(function() {
            //确认框
            var r = confirm("确认删除？");
            //返回 true 删除行
            if (r == true) {
                // 查找 a 元素的直接父(td)的直接父(tr),删除
                $(this).parent().parent().remove();
            }
        });
    });
</script>
```

3. 提示框

如果希望用户在进入下一步操作前输入一些信息，如找回用户密码前希望用户输入接收密码的手机号码等，就可以使用提示框，提示框也是模式对话框，较确认框增加了预置输入默认值和接收用户输入的功能，语法格式如下：

```
prompt(text,defaultText);
```

参数 text 可选，含义同警告框，为提示信息字符串。参数 defaultText 可选，为预置默认提示信息。

有返回值，用户单击"OK"按钮返回用户输入或预置默认值，单击"Cancel"按钮返回 null。

【例 11-2】用提示框接收用户的输入，并将用户的输入信息用段落元素<p>显示出来，程序运行效果如图 11-4 所示。

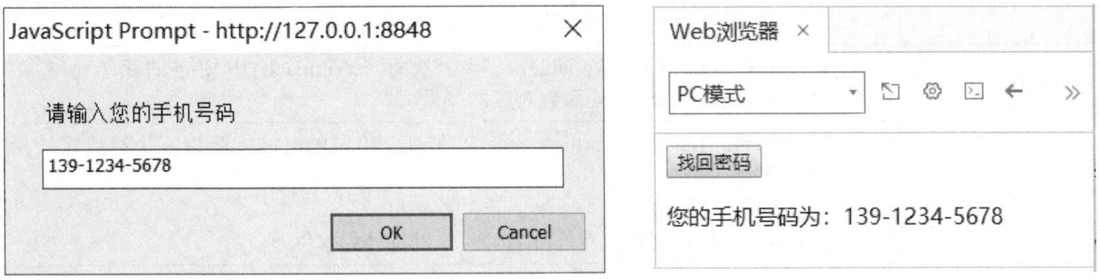

（a）提示框　　　　　　　　　　　　　（b）接收到的输入信息

图 11-4　提示框

```html
<html>
    <head>
        <meta charset="UTF-8">
        <title>提示框</title>
        <script src="js/jquery-1.8.3.js"></script>
        <script type="text/javascript">
            $(function() {
                $("button").click(function() {
                    // 定义提示框
                    var person = prompt("请输入您的手机号码", "139-1234-1234");
                    // 将提示框返回值赋值给元素<p>
                    $("p").text("您的手机号码为: " + person);
                });
            });
        </script>
    </head>
    <body>
        <button>找回密码</button>
        <p id="demo"></p>
    </body>
</html>
```

11.2.3　定时器

轮播广告等以指定的时间间隔反复执行的操作需要用定时器进行控制，JavaScript 的定时事件允许以指定的时间间隔执行代码，称为定时事件（timing events）。涉及的主要函数如表 11-4 所示。

表 11-4   定时事件函数

函 数 名	函 数 说 明
setTimeout()	window.setTimeout(function, milliseconds)，在等待指定的毫秒数后执行函数，参数及取值说明如下。 ● function 是待执行的函数 ● milliseconds 是执行函数之前等待的时间，以毫秒为单位
clearTimeout()	window.clearTimeout(timeoutVariable)，停止执行 setTimeout()中规定的函数。参数 timeoutVariable 是 setTimeout()函数对应的变量
setInterval()	window.setInterval(function, milliseconds)，在每个给定的时间间隔重复执行给定的函数，参数及取值说明如下： ● function 是待执行的函数 ● milliseconds 是执行函数之前等待的时间，以毫秒为单位
clearInterval()	window.clearInterval(timerVariable)，停止 setInterval()函数中指定的函数的执行。参数 timerVariable 是 setInterval()函数对应的变量

【例 11-3】编写一个简单程序演示定时器的用法，单击"1 秒后提示 Hello"按钮，经过 1 秒弹出如图 11-5（a）所示的一个对话框，单击"启动时钟"按钮开始以 1 秒的间隔计时，单击"停止时钟"按钮停止计时，程序运行效果如图 11-5（b）所示。

扫一扫 11-3，
例 11-3 运行效果

（a）1 秒后计时提示

（b）启动/停止计时

图 11-5   定时器

```
<html>
  <head>
    <meta charset="UTF-8">
    <title>定时器</title>
    <script src="js/jquery-1.8.3.js"></script>
    <script type="text/javascript">
      //函数定义一定要放在 ready 函数之外，否则找不到函数
      function myFunction() {
          alert('Hello');
      }
      // 定时函数
      function myTimer() {
          var d = new Date();
          $("p").text("当前时间：" + d.toLocaleTimeString());
      }
    </script>
```

```
    </head>
    <body>
        <p id="demo">时间显示</p>
        <!-- 设置仅启动一次的定时器 -->
        <button onclick="setTimeout(myFunction, 1000);">
            1秒后提示 Hello</button>
        <!-- 设置定时器 -->
        <button onclick="myVar = setInterval(myTimer, 1000)">
            启动时钟</button>
        <!-- 清除定时器 -->
        <button onclick="clearTimeout(myVar)">
            停止时钟</button>
    </body>
</html>
```

11.3　jQuery 效果

　　jQuery 针对 HTML 元素设计了一些特殊显示效果，包括元素的隐藏与显示、缓慢显示和滑动显示等，为丰富网页效果设计提供了便利。

11.3.1　隐藏与显示

　　使用 jQuery 提供的函数能够实现 HTML 元素的隐藏和显示，相关函数如表 11-5 所示。

表 11-5　隐藏/显示函数

函 数 名	函数说明
hide()	$(selector).hide(speed,callback)，隐藏选择器匹配的元素，参数及取值说明如下： • speed 规定隐藏的速度，可以取"slow"、"fast" 或毫秒值 • callback 是隐藏完成后所执行的回调函数，可选参数
show()	$(selector).show(speed,callback)，显示选择器匹配的元素，参数及取值说明如下： • speed 规定显示的速度，可以取"slow"、"fast" 或毫秒值 • callback 是显示完成后所执行的回调函数，可选参数
toggle()	$(selector).toggle(speed,callback)，对选择器匹配的元素切换 hide()和 show()函数，参数及取值说明如下： • speed 规定切换的速度，可以取"slow"、"fast" 或毫秒值 • callback 是切换完成后所执行的回调函数，可选参数

　　【例 11-4】编码演示盒子的显示与隐藏，图 11-6（a）为程序初始运行效果，图 11-6（b）为单击"隐藏"按钮后隐藏了盒子效果，图 11-6（c）为切换完毕显示的警告框。

（a）初始效果

（b）隐藏了盒子

（c）回调函数显示

图 11-6　隐藏与显示

```html
<html>
    <head>
        <meta charset="UTF-8">
        <title>隐藏与显示</title>
        <style>
            div {
                /* 设置元素大小与背景色 */
                width: 80px;
                height: 80px;
                background-color: red;
                margin: 20px;
            }
        </style>
        <script src="js/jquery-1.8.3.js"></script>
        <script type="text/javascript">
            $(function() {
                $("#hide").click(function() {
                    // 快速隐藏元素
                    $("#div1").hide("fast");
                });
                $("#show").click(function() {
                    // 慢速显示元素
                    $("#div1").show("slow");
                });
                $("#toggle").click(function() {
                    //2 秒内切换元素显示与隐藏
                    $("#div1").toggle(2000,
                        // 事件完成回调函数
                        function() {
                            alert("切换完成");
                        }
                    );
                });
            });
        </script>
    </head>
    <body>
        <button id="hide">隐藏</button>
```

```
        <button id="show">显示</button>
        <button id="toggle">切换</button>
        <div id="div1"></div>
    </body>
</html>
```

11.3.2　淡入与淡出

如果希望 HTML 元素能够缓缓地显示与隐藏，还可以使用 jQuery 提供的淡入与淡出函数，如表 11-6 所示。

表 11-6　淡入/淡出函数

函　数　名	函数说明
fadeIn()	$(selector).fadeIn(speed,callback)，该函数淡入已隐藏的元素。参数及取值说明如下： ● speed 规定淡入的速度，可以取"slow"、"fast" 或毫秒值 ● callback 是淡入完成后所执行的回调函数，可选参数
fadeOut()	$(selector).fadeOut(speed,callback)，该函数淡出已隐藏的元素，参数及取值说明如下： ● speed 规定淡出的速度，可以取"slow"、"fast" 或毫秒值 ● callback 是淡出完成后所执行的回调函数，可选参数
fadeToggle()	$(selector).fadeToggle(speed,callback)，对选择器匹配的元素切换 fadeIn()和 fadeOut()函数，参数及取值说明如下： ● speed 规定切换的速度，可以取"slow"、"fast" 或毫秒值 ● callback 是切换完成后所执行的回调函数，可选参数
fadeTo()	$(selector).fadeTo(speed,opacity,callback)，该函数使选择器匹配的元素渐变为给定的不透明度，参数及取值说明如下： ● speed 规定渐变的速度，可以取"slow"、"fast" 或毫秒值 ● callback 是渐变完成后所执行的回调函数，可选参数 ● opacity 规定不透明度，是必需参数，取值介于 0～1 之间

【例 11-5】参考例 11-4，编码演示盒子的淡入与淡出效果，界面设计效果如图 11-7 所示。

（a）初始效果　　　　　　　（b）淡出了盒子　　　　　　　（c）回调函数显示

图 11-7　淡入与淡出

页面设计参考例 11-4，鉴于篇幅省略，功能代码如下：

```javascript
<script type="text/javascript">
    $(function() {
        $("#fadeTo").click(function() {
            //设置透明度使颜色慢速变淡
            $("#div1").fadeTo("slow", 0.15,
                // 事件完成执行回调函数
                function() {
                    alert("颜色变淡完成");
                }
            );
        });
        // 3 秒内淡入
        $("#fadeIn").click(function() {
            $("#div1").fadeIn(3000);
        });
        // 3 秒内淡出
        $("#fadeOut").click(function() {
            $("#div1").fadeOut("3000");
        });
        // 3 秒内淡入/淡出切换
        $("#fadeToggle").click(function() {
            $("#div1").fadeToggle(3000);
        });
    });
</script>
```

11.3.3 滑动

jQuery 提供了使 HTML 元素产生缓缓滑动效果的函数，如表 11-7 所示。

表 11-7 滑动函数

函　数　名	函数说明
slideDown()	$(selector).slideDown(speed,callback)，向下滑动选择器匹配的元素，参数及取值说明如下： ● speed 规定下滑的速度，可以以"slow"、"fast" 或毫秒值 ● callback 是下滑完成后所执行的回调函数，可选参数
slideUp()	$(selector).slideUp(speed,callback)，向上滑动选择器匹配的元素，参数及取值说明如下： ● speed 规定上滑的速度，可以以"slow"、"fast" 或毫秒值 ● callback 是上滑完成后所执行的回调函数，可选参数
slideToggle()	$(selector).slideToggle(speed,callback)，对选择器匹配的元素切换 slideDown()和 slideUp()函数，参数及取值说明如下： ● speed 规定切换的速度，可以以"slow"、"fast" 或毫秒值 ● callback 是切换完成后所执行的回调函数，可选参数

【例 11-6】参考例 11-4，编码演示盒子的滑动效果，界面设计效果如图 11-8 所示。

（a）初始效果　　　　　　　　（b）上卷了盒子　　　　　　　　（c）回调函数显示

图 11-8　滑动

页面设计参考例 11-4，鉴于篇幅省略，功能代码如下：

```javascript
<script type="text/javascript">
    $(function() {
        // 快速上卷
        $("#slideUp").click(function() {
            $("#div1").slideUp("fast");
        });
        // 慢速下拉
        $("#slideDown").click(function() {
            $("#div1").slideDown("slow");
        });
        // 2秒内上卷/下拉切换
        $("#slideToggle").click(function() {
            $("#div1").slideToggle(2000,
                // 事件完成回调函数
                function() {
                    alert("切换完成");
                }
            );
        });
    });
</script>
```

【例 11-7】修改例 11-6，为盒子添加一些文字内容，演示文字的滑动效果，界面设计效果如图 11-9 所示。

（a）初始效果　　　　　　　　　　　　　　　　（b）文字滑出

图 11-9　文字滑动

扫一扫 11-4,
例 11-7 运行效果

```html
<html>
    <head>
        <meta charset="UTF-8">
        <title>文字滑动</title>
        <style type="text/css">
            div.panel,div.flip {
                /* 设置元素边距与背景色 */
                margin: 0px;
                padding: 5px;
                background: #e5eecc;
                /* 设置文本居中对齐 */
                text-align: center;
                /* 设置元素 1px 宽度的实线边框 */
                border: solid 1px #c3c3c3;
            }
            div.panel {
                /* 设置元素高度 */
                height: 110px;
                /* 设置起始时元素不可见 */
                display: none;
            }
        </style>
        <script src="js/jquery-1.8.3.js"></script>
        <script type="text/javascript">
            $(function() {
                // 快速上卷
                $("#slideUp").click(function() {
                    $(".panel").slideUp("fast");
                });
                // 慢速下拉
                $("#slideDown").click(function() {
                    $(".panel").slideDown("slow");
                });
                // 2 秒完成一次切换
                $("#slideToggle").click(function() {
                    $(".panel").slideToggle(2000);
                });
            });
        </script>
    </head>
    <body>
        <div class="flip">
            <button id="slideUp">上卷</button>
            <button id="slideDown">下拉</button>
            <button id="slideToggle">切换</button>
        </div>
        <div class="panel">
            <p>W3School - 领先的 Web 技术教程站点</p>
            <p>在 W3School, 你可以找到你所需要的所有网站建设教程。</p>
        </div>
    </body>
</html>
```

【例 11-8】使用滑动函数设计一个折叠导航菜单，运行效果如图 11-10 所示。

（a）初始效果

（b）展开第二章

图 11-10　折叠导航菜单

扫一扫 11-5，
例 11-8 运行效果

```html
<html>
    <head>
        <meta charset="utf-8">
        <title>折叠导航</title>
        <style>
            .con {
                /* 设置宽度与背景色 */
                width: 160px;
                background: powderblue;
            }
            .con h3 {
                /* 设置内边距10px,外边距为0 */
                margin: 0px;
                padding: 10px;
            }
            .con p {
                /* 设置外边距为0,左内边距为20px,行高20px */
                margin: 0;
                padding-left: 20px;
                line-height: 30px;
            }
            .con .list {
                /* 初始所有的节都不显示 */
                display: none;
            }
        </style>
        <script src="js/jquery-1.8.3.js"></script>
        <script>
            $(function() {
                //章的标题上的单击事件
                $(".con h3").click(function() {
```

```
                        /*选择被选元素 h3 的同胞，且类属性值为 list 的 div 元素
                        缓慢下拉（显示出来）*/
                        $(this).next().slideDown("slow")
                            /*选择被选元素 h3 的直接父，且类属性值为 con 的 div 元素
                            的所有同胞的后代，且后代的类属性值为 list*/
                            .parent().siblings().children('.list')
                            //缓慢上卷，所以隐藏了其他章的节
                            .slideUp("slow");
                    })
                })
        </script>
    </head>
    <body>
        <div class="con">
            <h3>第一章</h3>
            <div class="list">
                <p>第一节</p>
                <p>第二节</p>
                <p>第三节</p>
                <p>第四节</p>
            </div>
        </div>
        <div class="con">
            <h3>第二章</h3>
            ......<!-- 同第一章设计 -->
    </body>
</html>
```

11.4   jQuery 动画与动画停止

11.4.1   jQuery 动画

jQuery 提供了 animate()函数供用户创建自定义动画，语法格式如下：

```
$(selector).animate({params},speed,callback);
```

其中，参数 params 是必需参数，定义形成动画的 CSS 属性"名值对"，可以是单个属性，也可以是属性组，属性值用"名值对"集合的形式给出。属性名与属性值之间用冒号进行分隔，属性值用单引号或双引号引起来；"名值对"之间用逗号进行分隔；所有的"名值对"生成一个集合参数，用花括号括起来。

参数 speed 用于规定动画效果的持续时长，可以取"slow"、"fast"或以毫秒为单位的时间值，是可选参数。

参数 callback 用于规定动画完成后执行的回调函数，是可选参数。

1. 操作元素多个属性的动画

animate()函数只可以操作数字值的属性，不能操作字符串值属性，如为颜色属性和背景属性设置动画虽然不会出错，但是不会有效果。样式属性必须使用 DOM 名称（也即使用驼峰标记法书写属性名），如必须用 paddingLeft 而不是 padding-left 设置左内边距，用marginRight 设置右内边距等。

HTML 元素默认基于普通流模式排列，不能移动。设置元素的定位属性后（如设置为relative、fixed 或 absolute 定位），还可以设置元素的位置动画。

【例 11-9】设计一个简单动画，盒子右移的过程中同时进行放大，运行效果如图 11-11所示。

（a）页面初始效果

（b）动画结束

图 11-11　盒子移动和放大动画

```html
<html>
    <head>
        <meta charset="utf-8">
        <title>盒子移动和放大动画</title>
        <style>
            div {
                /* 设置元素尺寸与背景 */
                background: #98bf21;
                height: 100px;
                width: 100px;
                /* 设置元素绝对定位 */
                position: absolute;
            }
        </style>
        <script src="js/jquery-1.8.3.js"></script>
        <script type="text/javascript">
            $(function() {
                $("button").click(function() {
                    //元素尺寸变大，定位位置从左向右移动170px
                    $("div").animate({
                        left: '170px',
                        height: '150px',
                        width: '150px'
                    }, 1000);
                });
            });
```

```
        </script>
    </head>
    <body>
        <button>开始动画</button>
        <div></div>
    </body>
</html>
```

 animate()函数不支持背景，所有涉及背景的动画建议使用 CSS3 动画。

2. 使用相对属性值定义的动画

animate()函数中可以用相对值定义元素的属性值，只需要在属性值的前面加上 "+=" 或 "-=" 即可，表示元素的属性取值由原始值和累加值累加得到。

【例 11-10】修改例 11-9，使每次单击按钮，盒子右移和放大一点。

修改程序代码如下：

扫一扫 11-6，
例 11-10 完整代码

```
<script type="text/javascript">
    $(function() {
        $("button").click(function() {
            $("div").animate({
                //名值对方式赋值，位置右移 30px，高度增加 30px，宽度增加 30px
                left: '+=30px',
                height: '+=30px',
                width: '+=30px'
            }, 2000);
        });
    });
</script>
```

3. 使用预定义值定义的动画

animate()函数还可以使用一些预定义值实现动画效果，预定义值包括"show"、"hide"和"toggle"，分别表示属性的显示、隐藏和切换。其组合可以产生一些有趣的效果。

【例 11-11】修改例 11-9 按钮单击事件代码如下，体会预定义值动画的效果。

```
<script type="text/javascript">
    $(function() {
        $("button").click(function() {
            $("div").animate({
                // 预定义值，高度切换，宽度隐藏
                height: "toggle",
                width: "hide"
            }, 2000);
        });
    });
</script>
```

4. 使用队列功能依次执行多个动画

jQuery 允许多次调用 animate()函数，定义多个动画，这些 animate()函数在 jQuery 内部会建立一个动画队列，根据队列的先后顺序依次执行这些动画，产生有趣的动画效果。

【例 11-12】修改例 11-9，在盒子里显示一行文字，首先移动和放大盒子，然后放大文字，两个动画依次执行，运行效果如图 11-12 所示。

（a）页面初始效果 　　　　　　　　　　　　　（b）动画结束

图 11-12　动画队列

```html
<html>
    <head>
        <meta charset="utf-8">
        <title>动画队列</title>
        <style>
            div {
                /* 设置元素背景与尺寸 */
                background: #98bf21;
                height: 120px;
                width: 140px;
                /* 设置元素绝对定位 */
                position: absolute;
            }
        </style>
        <script src="js/jquery-1.8.3.js"></script>
        <script type="text/javascript">
            $(function() {
                $("button").click(function() {
                    //第 1 个动画，放大和移动盒子
                    $("div").animate({
                        left: '170px',
                        width: '230px'
                    }, 1000);
                    //第 2 个动画，放大字体
                    $("div").animate({
                        fontSize: "5em"
                    }, "slow");
                });
            });
        </script>
    </head>
```

```
    <body>
        <button>开始动画</button>
        <div>jQuery</div>
    </body>
</html>
```

11.4.2　动画与效果的停止

jQuery 提供了 stop() 函数用于在动画或效果完成之前停止操作，该函数适用于所有 jQuery 动画和效果函数，包括滑动、淡入/淡出效果和自定义动画。语法格式如下：

```
    $(selector).stop(stopAll,goToEnd);
```

其中，参数 stopAll 规定是否应该清除动画队列，默认取值为 false，表示仅停止活动的动画，允许任何排入队列的动画向后执行。

参数 goToEnd 规定是否立即完成当前动画，默认取值为 false，表示不需要完成当前动画，若为 true 表示立即完成当前动画。

因此，默认地，stop() 会清除在元素上指定的当前动画，马上完成队列中的后续动画。

【例 11-13】为例 11-12 增加一个"停止动画"按钮，编写代码体会停止动画函数的作用，在第一个动画完成前单击"停止动画"按钮的页面运行效果如图 11-13 所示，停止了第一个动画，开始了第二个动画。

扫一扫 11-7，
例 11-13 运行效果

（a）页面初始效果

（b）提前停止动画

图 11-13　动画队列与停止动画

```
<html>
    <!--同例 11-12 代码-->
    <script type="text/javascript">
        $(function() {
            $("#start").click(function() {
                //同例 11-12 代码
            });
            $("#stop").click(function() {
                //停止动画
                $("div").stop();
            });
```

```
        });
      </script>
   </head>
   <body>
      <button id="start">开始动画</button>
      <button id="stop">停止动画</button>
      <div>jQuery</div>
   </body>
</html>
```

11.5 任务实施

1. 技术分析

（1）使用定时器控制背景属性值自动变化的时间间隔，实现广告图像的切换。

（2）使用固定定位将当前图像位置指示叠加在图像位置指示上，并使用 css()函数为元素设置样式，结合动画实现位置指示的动画切换。

（3）使用鼠标事件实现定时器的启动与清除。

2. 实施

编写代码实现效果，参考代码如下：

```
<html>
   <head>
      <meta charset="utf-8">
      <title>华为轮播广告</title>
      <script src="js/jquery-1.8.3.js"></script>
      <style type="text/css">
         * {
            margin: 0;
            padding: 0;
         }
         #box {
            /* 设置广告图像容器元素的尺寸与居中对齐 */
            width: 90%;
            height: 500px;
            margin: 10px auto;
            /* 设置广告图像容器元素背景，初始显示第一个广告 */
            background-image: url(img/m1.jpg);
            /* 广告元素容器为子绝父相定位父级元素,使用相对定位 */
            position: relative;
         }
         .prev,.next {
            /* 设置左右小于号与大于号元素尺寸 */
            width: 40px;
```

```
            height: 45px;
            /* 设置左右小于与大于号元素字体、颜色、居中对齐、行高 */
            font-size: 48px;
            color: #DDD;
            text-align: center;
            line-height: 45px;
            /* 小于与大于号是子绝父相定位子级，设置绝对定位与位置偏移 */
            position: absolute;
            top: 180px;
            /* 设置元素透明度 */
            opacity: 0.4;
            /* 小手鼠标 */
            cursor: pointer;
        }
        .next {
            /* 大于号位于父级容器右侧，右偏移为 0 */
            right: 0;
        }
        .xy,.xy1 {
            /* 设置底部指示标识容器大小 */
            width: 300px;
            height: 20px;
            /* 设置底部指示标识容器定位与位置偏移，
            距离广告容器底部 30px，左边框 500px */
            position: absolute;
            bottom: 30px;
            left: 500px;
        }
        .xy span,
        .xy1 span {
            /* 设置底部指示标识大小，宽 70px，高 3px，
            外边距 5px（也即相互之间距离 5px）*/
            width: 70px;
            height: 3px;
            margin: 5px;
            /* 转换为行内块元素，使大小设置有效 */
            display: inline-block;
            /* 设置背景色白色 */
            background-color: white;
            /* 小手鼠标 */
            cursor: pointer;
        }
        .xy1 span {
            /* 当前第一条广告图像位置指示，背景色红色 */
            background-color: red;
        }
    </style>
<body>
    <div id="box">
        <!-- 广告图像位置指示 -->
        <div class="xy">
```

```
                <span></span>
                <span></span>
                <span></span>
        </div>
        <!-- 当前广告图像位置指示 -->
        <div class="xy1">
                <span></span>
        </div>
        <div class="prev">&lt;</div>
        <div class="next">&gt;</div>
    </div>
</body>
<script type="text/javascript">
    $(function() {
        //定义存放待播放 3 张广告图像的数组
        var arrImg = ["img/m1.jpg", "img/m2.jpg", "img/m3.jpg"],
            //定义待播放图像的数组索引位置，起始位置为 0
            nowindex = 0,
            //定义定时器函数变量，初始指向空指针
            otimer = null,
            //启动自动播放的标志
            onoff = true,
            //定时器的时间间隔
            t = 3000;
        //启动自动播放
        star();
        //鼠标进入底部指示标识暂停图像轮播，离开自动播放
        $('.xy span').hover(function(e) {
                stopp();
                // 将鼠标悬停位置的索引记下来,作为即将播放图像的索引
                nowindex = $(this).index();
                play(nowindex);
            },
            // 鼠标离开开始自动播放
            function() {
                star();
            }
        );
        //鼠标悬停广告图像容器
        $('#box').hover(function() {
                //设置导航大于号和小于号红色
                $(".prev,.next").css("color", "red");
                //停止自动播放
                stopp();
            },
            // 鼠标离开函数
            function() {
                //恢复导航大于号和小于号白色
                $(".prev,.next").css("color", "white");
                // 开始自动播放广告图像
                star();
```

```
        });
    //单击导航大于号播放下一张广告图像
    $('.next').click(function() {
        next();
    });
    //单击导航小于号播放上一张广告图像
    $('.prev').click(function() {
        prev();
    });
    //播放前一张广告图像函数
    function prev() {
        nowindex = (--nowindex + arrImg.length) % arrImg.length;
        play(nowindex);
    }
    //播放下一张广告图像函数
    function next() {
        nowindex = ++nowindex % arrImg.length;
        play(nowindex);
    }
    //自动播放广告图像函数
    function star() {
        if (onoff) {
            onoff = false;
            otimer = setInterval(next, t);
        }
    }
    //停止播放广告图像函数
    function stopp() {
        clearInterval(otimer);
        onoff = true;
    }
    //播放新广告图像函数
    function play(nowindex) {
        //为待播放图像索引位置底部指示标识设置红色背景
        $('.xy1 span').css({
            'background-color': 'red'
        });
        // 根据图像位置索引移动广告图像位置指示
        $('.xy1').css({
            'left': 500 + nowindex * 85 + 'px',
            'width': '0px'
        });
        // 动画显示广告位置指示
        $('.xy1').animate({
            'width': '85px'
        }, 500);
        //替换广告图像容器背景图像
        $('#box').css('background-image',
            "url(" + arrImg[nowindex] + ")");
    }
});
```

```
        </script>
</html>
```

项目思考与拓展：本任务为了简单起见仅在广告图像位置指示使用了 jQuery 动画，还可以考虑在广告图像切换时使用效果缓慢显示和隐藏图像，为广告图像添加说明文字，使文字用动画的方式进入视野，引起用户的注意等。

[本章小结]

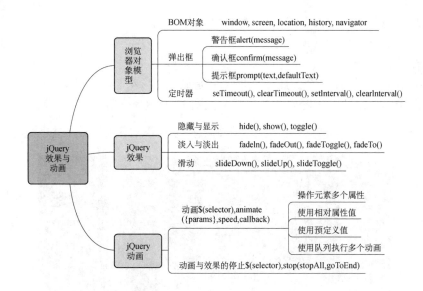

11.6　习题与项目实战

1．下面哪个函数用于隐藏被选元素？（　　）

A．hidden()　　　　　B．hide()　　　　　　C．display(none)　　　　D．visible(false)

2．以下关于淡入淡出函数的描述中哪个是正确的？（　　）

A．淡入可以改变元素的不透明度，从隐藏到可见

B．淡入淡出改变了元素的高度

C．淡入淡出改变了元素的宽度

D．淡入淡出必须有回调函数

3．以下哪个属性能够获取访问者浏览器的高度？（　　）

A．screen.width　　　B．innerHeight　　　C．innerWidth　　　D．screen.height

4．以下哪个属性能够获取当前网页的网址？（　　）

A．location.href　　　　　　　　　　B．location.assign

C．location.pathname　　　　　　　　D．location.protocol

5．以下哪个函数能够产生元素向下滑动的效果？（　　　）

A．slideUp()　　　　B．FadeIn()　　　　C．slideDown()　　　D．FadeOn()

6．以下关于动画函数的描述中哪个是错误的？（　　　）

A．animate()函数可以操作几乎所有的属性，包括颜色属性

B．stop()函数用于在动画或效果完成之前停止操作

C．animate()函数的速度参数和回调函数都是可选参数

D．animate()函数能够执行包含多个动画的动画队列

7．以下关于弹出框的描述中哪个是错误的？（　　　）

A．弹出框都是模式对话框

B．确认框和提示框需要用户输入，警告框不要

C．确认框的返回值是 bool 型的

D．提示框可以有返回值，也可以没有

8．使用动画技术设计一个国旗图像展，初始如图 11-14（a）所示，鼠标悬停于某一面国旗上对应国旗图像全部展示，如图 11-14（b）所示。

扫一扫 11-8,
作业 11-8
运行效果

扫一扫 11-9,
作业 11-8
参考代码

（a）初始显示

（b）展开第 2 个国旗

图 11-14　国旗展

第 12 章

网站设计综合实训

本章综合应用各章知识，仿照华为首页设计一个网站首页，从而掌握网页设计的基本思路和步骤。

12.1 仿华为首页布局设计

12.1.1 绘制布局图

打开华为网站首页查看页面内容（鉴于华为首页内容滚动较长，一页绘制不下，请自行打开网址 https://www.huawei.com/cn/ 查看），分析其布局。华为首页是一种按行布局的形式，可以分为 10 个模块，用盒子模型绘制后如图 12-1 所示。

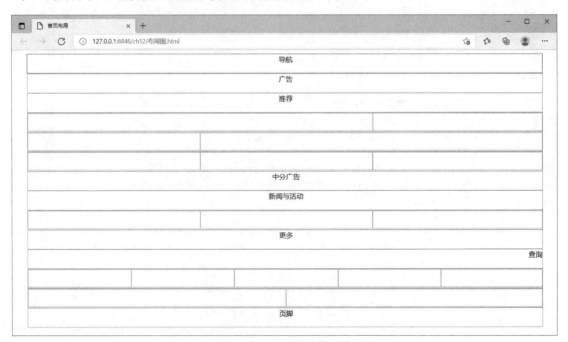

图 12-1　华为首页布局盒子模型图

12.1.2　设计首页布局

华为首页是一种有版心的设计，确定版心宽度后将如图 12-1 所示的盒子模型基本框架设计出来，这里设定版心宽度为1200px。框架代码如下：

```html
<html>
    <head>
        <meta charset="utf-8">
        <title>首页布局</title>
        <style>
            /* 总体版心宽1200px,为方便查看版式,暂时先写上边框,后期正式设计去掉边框 */
            div {
                /* 盒子模型宽度为版心1200px,高度设为44px,方便显示盒子 */
                width: 1200px;
                height: 44px;
                /* 绘制边框线，正式设计中需要去掉，盒子边框线计算在总尺寸中 */
                border: darkgray 1px solid;
                box-sizing: border-box;
                /* 设置内外边距 */
                margin: 0;
                padding: 0;
            }
            /* 版心居中对齐 */
            #main {
                margin: auto;
            }
        </style>
    </head>
    <body>
        <!-- 版心设计 -->
        <div id="main">
            <div align="center">导航</div>
            <div align="center">广告</div>
            <!-- 推荐模块 -->
            <div>
                <div align="center">推荐</div>
                <div>
                    <div style="width: 800px; float: left; height: 40px;"></div>
                    <div style="width: 398px; float: right; height: 40px;"></div>
                </div>
                <div>
                    <div style="width: 400px; float: left; height: 40px;"></div>
                    <div style="width: 798px; float: right; height: 40px;"></div>
                </div>
                <div>
                    <div style="width: 400px; float: left; height: 40px;"></div>
                    <div style="width: 399px; float: left; height: 40px;"></div>
                    <div style="width: 399px; float: right; height: 40px;"></div>
                </div>
            </div>
```

```
    </div>
    <div align="center" style="height: 44px; clear: both;">中分广告</div>
    <!-- 新闻与活动模块 -->
    <div>
        <div align="center" style="height: 44px;">新闻与活动</div>
        <div>
            <div style="width: 400px; float: left; height: 40px;"></div>
            <div style="width: 399px; float: left; height: 40px;"></div>
            <div style="width: 399px; float: right; height: 40px;"></div>
        </div>
    </div>
    <div align="center" style="clear: both;">更多</div>
    <div align="right">查询</div>
    <!-- 华为功能链接模块 -->
    <div>
        <div style="width: 239px; float: left; height: 40px;"></div>
        <div style="width: 240px; float: left; height: 40px;"></div>
        <div style="width: 240px; float: left; height: 40px;"></div>
        <div style="width: 240px; float: left; height: 40px;"></div>
        <div style="width: 239px; float: right; height: 40px;"></div>
    </div>
    <!-- 友情链接模块 -->
    <div>
        <div style="width: 599px; float: left; height: 40px;"></div>
        <div style="width: 599px; float: left; height: 40px;"></div>
    </div>
    <div align="center">页脚</div>
    </div>
    </body>
</html>
```

这里为了显示方便起见，对<div>分区元素设置了边框，正式用于布局设计时需要去掉边框。

12.2　仿华为首页菜单设计

12.2.1　顶部导航菜单设计

1. 需求分析

华为网站首页顶部导航菜单运行效果如图 12-2 所示。

（1）图 12-2（a）是菜单初始状态，仅显示基本菜单。

（2）图 12-2（b）是鼠标悬停于"在线购买"菜单项时的效果，会显示菜单的下拉菜单项。

扫一扫 12-1，
导航菜单运行效果

（3）图 12-2（c）是鼠标悬停于"个人及家庭产品"菜单项时的显示效果，菜单项下面会出现红色下划指示线，增加效果，同时下拉显示菜单项内容。鼠标悬停于其他菜单项会呈现类似效果。

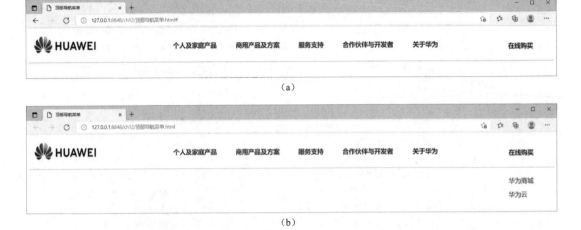

（a）

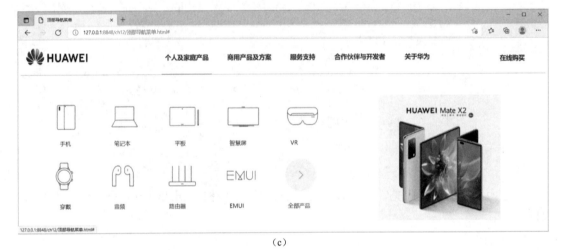

（b）

（c）

图 12-2　顶部导航菜单

2．技术分析

（1）菜单项总体使用子绝父相定位技术，确保下拉菜单项能够跟随菜单显示。
（2）主菜单使用黏性定位，确保主菜单位于页面顶部。
（3）使用元素的显示属性控制元素的显示与隐藏。

3．实施

基于技术分析编码实现如下：

```
<html>
    <head>
        <meta charset="utf-8">
```

```
<title>顶部导航菜单</title>
<style type="text/css">
    /* 子绝父相定位父级相对定位 */
    #menu {
        position: relative;
    }
    /* 顶部菜单黏性定位 */
    #top {
        position: sticky;
    }
    #head-left {
        /* 公司徽标设置 */
        width: 177px;
        height: 47px;
        margin: 15px 200px 10px 15px;
    }
    a {
        /* 去掉超链接元素默认样式下划线 */
        text-decoration: none;
        color: #333333;
    }
    /* 顶部菜单文本设置 */
    .menu {
        /* 转换为行内块元素 */
        display: inline-block;
        padding: 15px 10px 35px 10px;
        margin: 15px;
        /* 设置文本颜色和字体粗体 */
        color: #333;
        font-weight: bolder;
        font-size: 18px;
    }
    /* 鼠标悬停于顶部菜单时菜单样式 */
    .select {
        /* 设置下边框为1px宽度的实线,自定义下划线样式 */
        border-bottom: 1px solid #F00;
    }
    /* 在线购买样式设置 */
    .head-right {
        color: #333;
        font-weight: bolder;
        font-size: 18px;
        /* 固定定位,固定在右上角 */
        position: absolute;
        top: 10px;
        right: 50px;
        padding: 25px 10px 35px 10px;
    }
    /* 在线购买下拉菜单,初始不显示 */
    #head-right-menu {
        display: none;
```

```
            margin-top: 40px;
        }
        /* 在线购买下拉菜单样式设置 */
        #head-right-menu>a {
            font-weight: initial;
            /* 转换为行内块元素 */
            display: inline-block;
            padding: 15px 0px 0px;
        }
        /* 个人及家庭产品下拉菜单左菜单设置 */
        #left {
            width: 850px;
            margin: 50px 10px 10px 100px;
            float: left;
        }
        /* 个人及家庭产品下拉菜单菜单项设置 */
        #left a {
            display: inline-block;
            padding: 15px 110px 15px 12px;
        }
        /* 个人及家庭产品下拉菜单右菜单设置 */
        #right {
            float: right;
            margin: 30px 10px 10px 70px;
        }
        /* 个人及家庭产品下拉菜单右菜单图像设置 */
        #right img {
            width: 350px;
            height: 350px;
        }
        /* 主菜单下拉菜单 */
        .content {
            /* 子绝父相定位子级绝对定位 */
            position: absolute;
            top: 120px;
            /* 菜单初始不显示 */
            display: none;
        }
    </style>
</head>
<body>
    <div id="menu">
        <div id="top">
            <!-- 公司徽标 -->
            <a href="#">
                <img src="img/huawei_logo.png" align="left" id="head-left">
            </a>
            <!-- 导航菜单 -->
            <a href="#" class="menu">个人及家庭产品</a>
            <a href="#" class="menu">商用产品及方案</a>
            <a href="#" class="menu">服务支持</a>
```

```html
            <a href="#" class="menu">合作伙伴与开发者</a>
            <a href="#" class="menu">关于华为</a>
            <div class="head-right">
                <!-- 在线购买菜单 -->
                <a>在线购买</a>
                <div id="head-right-menu">
                    <a href="#">华为商城</a><br>
                    <a href="#">华为云</a>
                </div>
            </div>
        </div>
        <hr size="1" style="margin-top: -15px;">
        <div class="content">
            <div id="left">
                <img src="img/menu1.png"><br>
                <a href="#">手机</a>
                <a href="#">笔记本</a>
                <a href="#">平板</a>
                <a href="#">智慧屏</a>
                <a href="#">VR</a><br><br>
                <img src="img/menu2.png"><br>
                <a href="#">穿戴</a>
                <a href="#">音频</a>
                <a href="#">路由器</a>
                <a href="#">EMUI</a>
                <a href="#">全部产品</a>
            </div>
            <div id="right">
                <a href="#">
                    <img src="img/matex2-2x-cn2.jpg">
                </a>
            </div>
        </div>
        <div class="content">
            第二个菜单项的内容
        </div>
    </div>
</body>
<script src="js/jquery-1.8.3.js"></script>
<script type="text/javascript">
    $(function() {
        // 鼠标悬停于主菜单样式设置
        $(".menu").hover(function() {
            // 移除所有 a 元素的 select 样式
            $(this).siblings().removeClass("select");
            // 设置当前元素的样式为 select 样式
            $(this).addClass("select");
        });
        // 鼠标悬停于在线购买菜单项样式设置
        $(".head-right").hover(function() {
                // 悬停显示下拉菜单
```

```
                $("#head-right-menu").css({
                    display: "block"
                });
            },
            // 离开隐藏下拉菜单
            function() {
                $("#head-right-menu").css({
                    display: "none"
                });
            }
        );
        // 鼠标悬停于主菜单项每一项的样式
        $("#top a").each(function(index, obj) {
            $(this).hover(function() {
                // 悬停显示下拉菜单，第一个<a>元素无内容，所以索引号减1
                $(".content").eq(index - 1).css({
                    display: "block"
                });
            },
            // 离开隐藏下拉菜单
            function() {
                $(".content").eq(index - 1).css({
                    display: "none"
                });
            }
        );
    });
});
    </script>
</html>
```

12.2.2　侧边帮助菜单设计

1. 需求分析

华为网站首页"帮助菜单"运行效果如图 12-3 所示。

扫一扫 12-2，
帮助菜单
运行效果

图 12-3　帮助菜单

（1）"帮助菜单"位于网页的右下角。

（2）它是一种弹出式菜单，鼠标悬停于"帮助菜单"上以后弹出"帮助菜单"项，显示图 12-3 中间 4 类帮助。

（3）将鼠标进一步悬停于"帮助菜单"项的按钮上，为按钮添加红色背景效果，悬停于"信息查找"上时，则大于号右移产生动画效果，增加页面的动感。

2. 技术分析

（1）使用元素的显示属性控制弹出菜单的弹出（显示）与收回（隐藏）。

（2）"帮助菜单"位于网页窗口的右下角，使用固定定位，弹出菜单位于窗口中间，同样使用固定定位。

（3）大于号右移是相对于自身的移动，使用相对定位产生移动动画效果。

（4）4 类帮助分别放在 4 个 div 元素里，用浮动使其一行显示，因为整体使用固定定位，不占位置，所以可以不考虑浮动清除。

（5）4 类帮助样式一样，统一用类样式选择元素。对 4 类帮助进行的操作一样，使用each()函数遍历元素。

3. 实施

基于技术分析编码实现如下：

```html
<html>
    <head>
        <meta charset="utf-8">
        <title>帮助菜单</title>
        <style>
            #help {
                /* 帮助菜单固定定位使其固定在浏览器右下角 */
                position: fixed;
                bottom: 50px;
                right: 5px;
            }
            #right-menu {
                /* 帮助菜单项固定在浏览器窗口中心位置 */
                width: 1321px;
                display: none;
                position: fixed;
                top: 50px;
                left: 110px;
            }
            .content {
                /* 设置容器格式 */
                padding: 15px 10px 5px 15px;
                margin: 35px 0px;
                width: 300px;
                text-align: center;
                /* 仅设置右边框 */
```

```
            border-right: 1px solid #A9A9A9;
            float: left;
        }
        /* 去掉最后一个盒子的（右）边框 */
        .content:last-child {
            border: none;
        }
        .content img {
            /* 设置图像一致的高度，确保显示美观度 */
            height: 67px;
        }
        a {
            /* 设置超链接样式 */
            text-decoration: none;
            color: #333333;
        }
        /* 用 a 元素代替按钮，自定义样式，改善美观度 */
        .button {
            /* 转化为行内块元素设置大小和边距 */
            display: inline-block;
            width: 140px;
            padding: 15px;
            margin: 15px 5px 5px 5px;
            /* 设置边框 */
            border: 1px #A9A9A9 solid;
        }
        .button:hover {
            /* 鼠标悬停背景变为红色 */
            background-color: #FF0000;
        }
        .gt {
            /* 定义相对定位,实现位移效果 */
            position: relative;
            color: #FF0000;
            font-size: 20px;
        }
    </style>
</head>
<body>
    <img src="img/帮助图标.jpg" id="help">
    <div id="right-menu">
        <!-- 右上角关闭按钮，图像右对齐 -->
        <img src="img/关闭.PNG" align="right" id="close">
        <h1 align="center">在线客服</h1>
        <!-- 第 1 列 -->
        <div class="content">
            <img src="img/popup-icon1.png" align="center">
            <h3>个人及家庭产品</h3>
            <p>热线：950800（7*24 小时）</p>
            <p>
                <a class="query" href="#">查找零售店</a>
```

```html
            <span class="gt">&gt;</span>
        </p>
        <p><a class="button" href="#">咨询客服</a></p>
    </div>
    <!-- 第 2 列 -->
    <div class="content">
        <img src="img/popup-icon2.png" align="center">
        <h3>华为云服务</h3>
        <p>热线：4000-955-988|950808</p>
        <p>
            <a class="query" href="#">预约售前专属顾问</a>
            <span class="gt">&gt;</span>
        </p>
        <p><a class="button" href="#">智能客服</a></p>
    </div>
    <!-- 第 3 列 -->
    <div class="content">
        <img src="img/popup-icon3.png" align="center">
        <h3>企业服务</h3>
        <p>热线：400-822-9999</p>
        <p>
            <a class="query" href="#">查找经销商</a>
            <span class="gt">&gt;</span>
        </p>
        <p><a class="button" href="#">咨询客服</a></p>
    </div>
    <!-- 第 4 列 -->
    <div class="content">
        <img src="img/popup-icon4.png" align="center">
        <h3>运营商网络服务</h3>
        <p>热线：4008302118</p>
        <p>
            <a class="query" href="#">技术支持中心</a>
            <span class="gt">&gt;</span>
        </p>
        <p><a class="button" href="#">咨询客服</a></p>
    </div>
    </div>
</body>
<script src="js/jquery-1.8.3.js"></script>
<script type="text/javascript">
    $(function() {
        // 为每一个类样式为 content 的元素定义样式
        $(".content").each(function(index, obj) {
            // 类样式为 content 的元素的第 2 个 p 元素鼠标悬停效果
            $(this).children("p:eq(1)").hover(function() {
                // 其类样式为 gt 的子元素右移 8px
                $(this).children(".gt").css({
                    "left": "8px"
                });
            },
```

```
                        // 鼠标离开，其类样式为 gt 的子元素恢复原位
                        function() {
                            $(this).children(".gt").css({
                                "left": "0px"
                            });
                        }
                    );
                });
                // 鼠标悬停于帮助按钮上显示帮助菜单
                $("#help").hover(function() {
                    $("#right-menu").css({
                        "display": "block"
                    });
                });
                // 单击关闭按钮关闭帮助菜单
                $("#close").click(function() {
                    $(this).parent().css({
                        "display": "none"
                    });
                });
            });
    </script>
</html>
```

12.3 仿华为首页内容设计

12.3.1 轮播广告设计

1. 需求分析

轮播广告运行效果如图 12-4 所示，轮播若干张广告图像，需求与工作任务 11 类似，较工作任务 11 仅多一个功能，即在广告图像上叠加了一个"了解更多"超链接，鼠标悬停时背景变为红色，单击后可以超链接到更多信息页面。

图 12-4　轮播广告

2．技术分析

（1）轮播广告技术分析参见工作任务 11。

（2）"了解更多"超链接与轮播图像位置指示等一样使用子绝父相定位中的子级绝对定位，使其位于广告图像的指定位置，背景变色与 12.2.2 节的"帮助菜单"按钮实现技术一样，使用鼠标悬停事件结合背景属性设置完成。

3．实施

参考工作任务 11 和 12.2.2 节的"帮助菜单"完成，鉴于篇幅，这里省略。

12.3.2　推荐信息设计

扫一扫 12-3，
推荐信息
运行效果

1．需求分析

推荐信息运行效果如图 12-5 所示。

（1）开始第一行显示 2 张图像，如图 12-5（a）所示。

（2）鼠标在图像上悬停时图像放大一点，同时显示"了解更多"超链接，方便用户单击打开详情信息，运行效果如图 12-5（b）所示。

（a）初始效果

（b）鼠标悬停第 2 张图像效果

图 12-5　推荐信息

2. 技术分析

（1）整体使用浮动布局，使用伪元素清除浮动。

（2）需要仔细计算图像的尺寸。

（3）图像放大使用不同背景图像实现，视觉上产生放大的效果。首先将背景图像用画图板进行放大，然后根据放大比例移动背景起点，再将放大的背景放入开始的图像容器中，产生放大的效果。

（4）文字段落上移使用相对定位实现。

（5）jQuery 动画对背景不支持，这里使用 CSS3 过渡动画修改背景，使用 jQuery 动画函数 animate()进行文字段落上移。

3. 实施

基于技术分析编码实现如下：

```html
<html>
    <head>
        <meta charset="utf-8">
        <title>推荐信息</title>
        <style>
            /* 推荐模块整体尺寸设置 */
            #recom {
                width: 1416px;
                margin: 30px auto;
            }

            /* 使用伪元素清除浮动 */
            .clearfix:after{
                content: "";
                display: block;
                clear: both;
            }
            /* 图像基本样式设置 */
            #left,#right {
                /* 透明度 */
                opacity: 0.8;
                /* 文字样式设置 */
                text-align: right;
                color: black;
                padding: 10px;
                /* 文本溢出隐藏 */
                overflow: hidden;
                /* 动画设置，所有属性 1 秒完成动画*/
                transition: all 1s;
            }
            /* 左边图像设置 */
            #left {
                width: 811px;
```

```
            height: 382px;
            background: url(img/MateView_cn_1.jpg);
            float: left;
        }
        #left:hover {
            /* 背景和透明度都发生变化,用不同大小图像加位移产生放大效果 */
            background: url(img/MateView_cn.jpg) -46px -22px;
            opacity: 1;
        }
        /* 右边图像设置 */
        #right {
            width: 547px;
            height: 382px;
            background: url(img/FreeBuds_4_cn_m_1.jpg);
            float: right;
        }
        #right:hover {
            /* 背景和透明度都发生变化,用不同大小图像加位移产生放大效果 */
            background: url(img/FreeBuds_4_cn_m.jpg) -32px -22px;
            opacity: 1;
        }
        /* 文字样式设置 */
        .p {
            position: relative;
            top: 270px;
        }
        /* 超链接样式设置 */
        a {
            text-decoration: none;
            color: #000000;
        }
        /* 大于号样式设置 */
        span {
            color: #FF0000;
            font-size: 18px;
            display: inline-block;
            margin: 5px;
        }
    </style>
</head>
<body>
    <div id="recom" class="clearfix">
        <div id="left">
            <div class="p">
                产品
                <h3>HUAWEI MateView</h3>
                无线-原色显示器
                <p>
                    <a href="#">了解更多</a>
                    <span>&gt;</span>
                </p>
```

```
            </div>
          </div>
          <div id="right">
            <div class="p">
                产品
                <h3>HUAWEI FreeBuds 4 无线耳机</h3>
                轻盈舒适，独享好声音
                <p>
                    <a href="#">了解更多</a>
                    <span>&gt;</span>
                </p>
            </div>
          </div>
      </div>
    </body>
    <script src="js/jquery-1.8.3.js"></script>
    <script type="text/javascript">
      $(function() {
          //为左右图像元素所在div元素设置鼠标悬停效果
          $("#left,#right").hover(function() {
              // 段落上移
              $(this).children(".p").animate({
                  "top": "225px"
              }, 1000);
          },
          // 鼠标离开，段落下移
          function() {
              $(this).children(".p").animate({
                  "top": "270px"
              }, 1000);
          }
        );
      });
    </script>
</html>
```

这里鉴于篇幅仅实现了第一行的推荐信息，第二行和第三行的推荐信息实现技术类似，请读者自行完成。

12.3.3 中分广告设计

中分广告较为简单，仅是背景与文本的组合，使用到了动画按钮，可以参考"帮助菜单"动画按钮实现。文本内容位置特殊，可以使用"定位"或"设置右边距"实现，也较为简单。这里为了完整起见，给出中分广告效果图，如图 12-6 所示，具体实现可参考教材资源自行完成。

图 12-6　中分广告

12.3.4　新闻与活动设计

新闻与活动设计基本布局在 6.4.3 节的例 6-5 中已经实现，涉及的图像动画与推荐信息动画实现原理一样，动画按钮与"帮助菜单"实现原理一样，鉴于篇幅，这里不再实现该模块。模块运行效果如图 12-7 所示，代码可参考教材资源。

图 12-7　新闻与活动

12.3.5　查询、链接与页脚设计

查询运行效果如图 12-8 所示，功能链接如图 12-9 所示，友情链接如图 12-10 所示，页脚如图 12-11 所示。这几部分仅是文本与超链接的排版问题，功能链接是一个一行五列的排

版，可参考"帮助菜单"进行设计。查询和友情链接可以用一行两列加左右浮动布局设计，页脚仅是简单的文本居中对齐。设计都较为简单，鉴于篇幅有限，这里省略具体实现代码，读者可参考教材资源自行完成。

图 12-8　查询

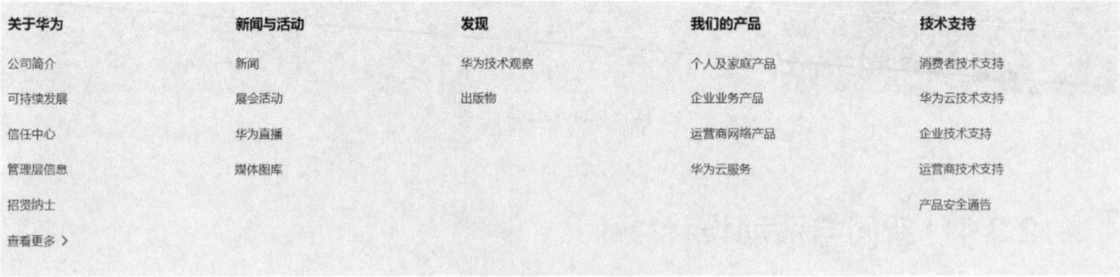

图 12-9　功能链接

图 12-10　友情链接

图 12-11　网页页脚

12.4　网站设计总结

　　网站设计应该从网站规划开始，首先应该规划网站的总体布局，包括确定是否使用版心及版心宽度，其次应该注意网站模块的划分，如华为首页设计，从大的角度分为内容和菜单两个模块，将内容模块又进一步细分为广告、推荐信息等 9 个模块，各个模块单独开发，既符合模块化程序设计的思想，又方便程序的调试。

　　网站对美观度要求较高，开始设计之前要充分收集素材，按总体设计要求处理素材图像的尺寸，确保各模块设计符合总体设计要求。

参考文献

［1］吴丰．HTML5+CSS3 Web 前端设计|基础教程[M]．北京：人民邮电出版社，2020.

［2］郑婷婷，黄杰晟．响应式网页开发基础教程|(jQuery+Bootstrap) [M]．北京：人民邮电出版社，2019.

［3］刘瑞新．网页设计与制作教程——Web 前端开发 [M]．6 版．北京：机械工业出版社，2021.

［4］https://www.w3school.com.cn

反侵权盗版声明

电子工业出版社依法对本作品享有专有出版权。任何未经权利人书面许可，复制、销售或通过信息网络传播本作品的行为，歪曲、篡改、剽窃本作品的行为，均违反《中华人民共和国著作权法》，其行为人应承担相应的民事责任和行政责任，构成犯罪的，将被依法追究刑事责任。

为了维护市场秩序，保护权利人的合法权益，我社将依法查处和打击侵权盗版的单位和个人。欢迎社会各界人士积极举报侵权盗版行为，本社将奖励举报有功人员，并保证举报人的信息不被泄露。

举报电话：（010）88254396；（010）88258888

传　　真：（010）88254397

E-mail：　dbqq@phei.com.cn

通信地址：北京市海淀区万寿路 173 信箱
　　　　　电子工业出版社总编办公室

邮　　编：100036